JN218686

実践ロボット制御

基礎から動力学まで

細田 耕[著]
Hosoda Koh
株式会社アールティ[協力]
RT Corporation

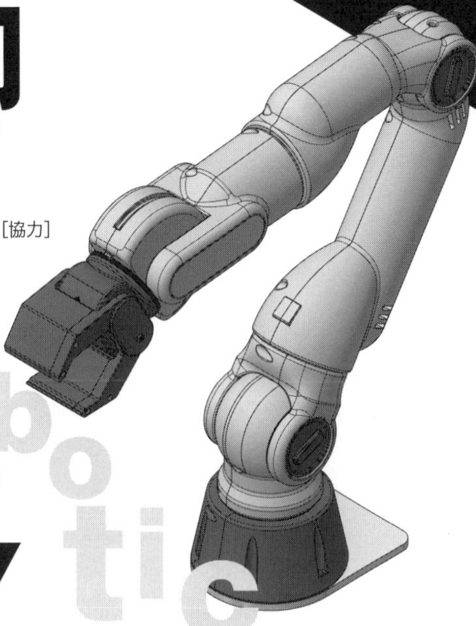

Robotics

Ohmsha

本書を発行するにあたって，内容に誤りのないようできる限りの注意を払いましたが，本書の内容を適用した結果生じたこと，また，適用できなかった結果について，著者，出版社とも一切の責任を負いませんのでご了承ください．

本書は，「著作権法」によって，著作権等の権利が保護されている著作物です．本書の複製権・翻訳権・上映権・譲渡権・公衆送信権（送信可能化権を含む）は著作権者が保有しています．本書の全部または一部につき，無断で転載，複写複製，電子的装置への入力等をされると，著作権等の権利侵害となる場合があります．また，代行業者等の第三者によるスキャンやデジタル化は，たとえ個人や家庭内での利用であっても著作権法上認められておりませんので，ご注意ください．

本書の無断複写は，著作権法上の制限事項を除き，禁じられています．本書の複写複製を希望される場合は，そのつど事前に下記へ連絡して許諾を得てください．

出版者著作権管理機構
（電話 03-5244-5088，FAX 03-5244-5089，e-mail: info@jcopy.or.jp）

JCOPY ＜出版者著作権管理機構 委託出版物＞

まえがき

本書は，ロボットアームの制御に関する解説書です．最近は，たくさんのロボットメーカーがロボットを販売するようになり，またホビーショップでは，ロボット用のサーボモータの入手が容易で，ロボットキットなども多数販売されています．このようなロボットには，たいていの場合，専用の制御ボックス（あるいは周辺回路）と，それを動かすためのプログラムやファームウエアが付属しています．場合によっては，気が利いたユーザインタフェースがついていて，マウスで指示すれば，とりあえず動くようなプログラムを作ることができるものもあります．各種のオープンなミドルウエアやライブラリも充実しており，その内容を詳しく理解しなくても，何となくロボットを動かすことができるような時代になりました．一方で，こういう状況に必要な知識を体系化した教科書がなく，30 年前の古い知識を教育しているのが現状です．

本書では，「実践ロボット制御」を謳い，ロボット制御を現状の技術を基に体系化することに尽力しました．第一に，従来の教科書にあるような平面 2 自由度ロボットについての簡単な例だけではなく，近年のほとんどの産業用ロボットで採用されているような垂直型 6 自由度ロボットについても，関連計算を詳しく書きこんでいます．ロボットはたくさんの自由度があってこそ面白いのに，いつまでも平面 2 自由度の例では退屈です．第二に，モータ回りの周辺装置のレベルに応じて，必要な知識を段階的にまとめました．ロボットは，一般的に非常に複雑な機構なので，すべてのモータを，中央のコンピュータが一元的に管理しているケースはまれです．各モータには周辺制御装置があり，エンコーダなどのセンサで角度や速度，電流を測って局所的なフィードバック制御をしている場合がほとんどです．周辺装置のレベルによって，中央で必要となる計算は変化し，それを実現するための知識もまた変化します．本書では，前から順番に，想定する周辺装置のレベルを変えることで，必要なところまで読めばやめられる教科書を目指しています．最後に，複雑化するロボットに対処するための工夫を，随所にちりばめました．例えば，手先姿勢をできるだけ一般的に表現するための四元数や，微分運動学を使った多自由度ロボットの運動学問題，パッケージ化されたニュートン・オイラー法の具体的な実装と使い方などです．これらを学習することで，自由度が増加しても使えるようなミドルウエアのパッケージを作ったり，理解したりすることができます．

本書は，大きく分けて三つの部分からなっています．

第 I 部では，位置に関する運動学と軌道生成を扱います．この部分では，各モータに装備されている角度（あるいは位置）センサの信号に基づいて，ローカルな，つまり各軸ごとの位置制御が働いていることを想定しています（「位置制御モード」と呼ぶこともあります）．このような場合，各モータへと角度を指令値として送ると，すぐにその指令値を実現しようとするローカルな位置制御が働きます．ハードウエアでいうと，最近市販されている小型のヒューマノイドロボットを動かしている RC サーボモジュールがこれに該当し，第 I 部を読むと，このようなロボットを動かすために必要な知識が得られます．

第 II 部では，速度に関する運動学，微分運動学と，ヤコビ行列を用いた運動制御，そして力制御を扱います．ここで想定しているハードウエアは，速度制御可能なサーボモジュールや，産業用ロボットでよく使われるタコメータに基づく速度制御モジュールです．速度に関する運動学を考慮すると，位置だけを考えていたときには解くことが難しかった運動学問題が数値的に解けたり，手先に発生する力について制御できたりと，制御器の能力は格段に向上します．

第 III 部では，さらにロボットの動特性，つまり質量や遠心力，コリオリ力などの効果を考慮に入れた運動制御を扱います．ロボットの運動速度が大きくなったときに，より精密にロボットを動かすことができます．このとき，各モータは，ローカルに電流制御されており，流れる電流に比例した回転トルクが発生するとして，モデル化されます．

本書では，センサやモータなどのハードウエアそれ自体に関する解説はあまりしません．テクノロジーはかなりの速度で進化しているので，それ自体についての記述は，早晩陳腐化するからです．その代わりに，ハードウエアが変化しても使えるロボット制御の知識を体系的に説明します．こうすることで，必要なところまでを読めば，そのレベルの制御が誰にでもできるようになることを目指しています．学生の専門教育のためだけではなく，ロボットを専門としないホビーストの方々も，必要に応じて読んでいただければ望外の喜びです．

2019 年 10 月

細田　耕

目　次

第I部　位置に関する運動学と軌道生成

第 4 章　運動学の一般的表現

第 5 章　実践・位置制御と逆運動学

第 II 部　ヤコビ行列と微分運動学

第 6 章　ヤコビ行列

第 7 章　微分運動学

第 8 章　ヤコビ行列を利用した制御

第 III 部　動力学と運動制御

第 9 章　ロボットの運動方程式

第 10 章　運動方程式とロボット制御

(註)　本書で登場するベクトルは，特に断らなければ縦ベクトルです，右肩の T は，ベクトルあるいは行列の転置，つまりベクトルの場合には，縦ベクトルなら横ベクトルに，横ベクトルなら縦ベクトルになりますし，行列の場合には，行と列を入れ替えたものになります．特に断らない限り座標系は右手系，軸の正回転は右ねじの方向とします．

第 I 部

位置に関する運動学と軌道生成

第 I 部では，位置に関する運動制御と軌道生成について解説します．ここでは，ロボットに関する幾何学的な関係のみを扱い，ロボットの速度や，加速度については，第 II 部以降で扱います．第 II 部，第 III 部では，基本的に，第 I 部で学んだことを，時間に関して 1 回微分，2 回微分した式によって議論が進むので，第 I 部を理解する必要があります．一方で，第 II 部以降を理解できなくても，第 I 部だけ理解できれば，各軸のモータが位置制御されたロボットを動かすことができます．例えば，小型ヒューマノイドは，位置制御されたサーボモータで動いている場合が多いので，このようなロボットをひと通り動かすためには，第 I 部の内容を理解することで対応できます．

ロボットのすべての関節には変位センサがついているとします．その関節が回転モータの場合にはその角度，並進モータの場合にはその位置が計測できるということです．関節変位がすべてわかれば，その情報を使って，そのときのロボットの手先の位置（姿勢）を求めることができます．これを，位置に関する順運動学問題（あるいは，単に順運動学問題）といいます．また，この関係を，逆に解くことによって，手先の位置（姿勢）が与えられたときに，これを実現するような関節変位を求めることができます．これを，位置に関する逆運動学問題（あるいは，単に逆運動学問題）といいます．まずは，ロボットの構造が与えられたときに，順運動学問題，あるいは逆運動学問題をどのように解くか，から始めましょう．

1 関節変位と作業座標の関係

ロボットは，その関節の変位がすべて決まれば，手先の位置が決まります．つまり，手先の位置は，関節変位の関数です．これを，順運動学問題と言います．逆に，手先の位置が与えられたときに，それを実現するための関節変位を計算する問題のことを，逆運動学問題と言います．いくつかの例を通して，順運動学と逆運動学について理解することが，本章の目的です．

1.1 平面 2 自由度ロボット

最初に，**図 1.1** 左に描かれているような，2 本のリンクが，二つの回転モータによって繋がれていて，水平面内を動く，平面 2 自由度ロボットについて考えてみましょう．自由度という言葉については，ここでは厳密に定義することは避け，モータの数であるとしておきます．このロボットの手先を，ある目標位置まで動かす，という作業を考えます．ロボットにこの作業を指示するためには，作業を記述する座標系を指定する必要があります（図 1.1 右）．これを作業座標系といいます．ここでは，ロボットを含む平面を XY 平面とし，モータ 1 の変位 θ_1 が 0 のときに，リンク 1 が向いている

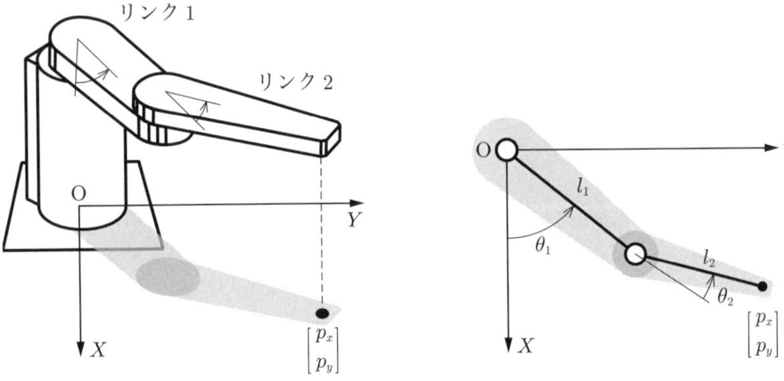

図 1.1：平面内を動く，二つのモータで駆動される 2 自由度ロボット．関節角 θ_1，θ_2 が決まると，作業座標系 O-XY から見た手先位置 $\boldsymbol{p} = [p_x \quad p_y]^T$ が決まります．

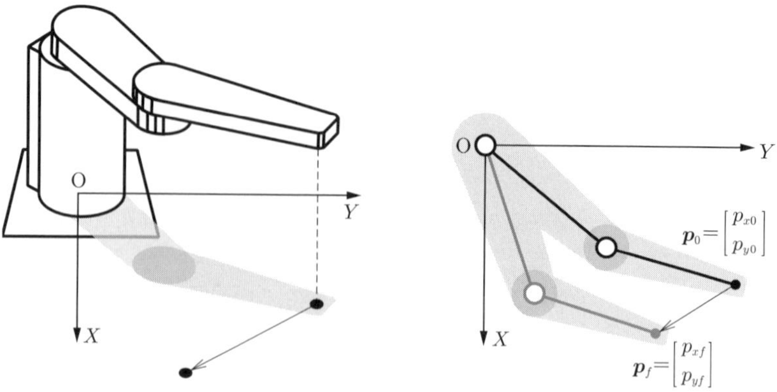

図 1.2：このロボットの手先を，初期値 $\boldsymbol{p}_0$ から最終値 $\boldsymbol{p}_f$ に動かすことが，このロボットに与えられる作業だとします．

方向を X 軸とします．このように作業座標系を定義しておくと，**図 1.2** のように，初期時刻のロボットの手先座標を

$$\boldsymbol{p}_0 = \begin{bmatrix} p_{x0} \\ p_{y0} \end{bmatrix}$$

最終的に移動したい手先の座標を

$$\boldsymbol{p}_f = \begin{bmatrix} p_{xf} \\ p_{yf} \end{bmatrix}$$

などと書くことができます1)．

このロボットのモータの回転角が，$\theta_1(t)$，$\theta_2(t)$ であるとき，これらの値と，手先の位置 $\boldsymbol{p}(t)$ とがどういう関係にあるかを調べてみましょう．図 1.1 右にあるように，作業座標系における手先の位置 $\boldsymbol{p}(t)$ は

$$\boldsymbol{p}(t) = \begin{bmatrix} p_x(t) \\ p_y(t) \end{bmatrix} = \begin{bmatrix} l_1C_1 + l_2C_{12} \\ l_1S_1 + l_2S_{12} \end{bmatrix} \tag{1.1}$$

と書くことができます．ここで，l_1，l_2 は，各リンクの長さを表す定数です．式を見やすくするために $C_1 = \cos\theta_1(t)$，$S_1 = \sin\theta_1(t)$，$C_{12} = \cos(\theta_1(t) + \theta_2(t))$，$S_{12} = \sin(\theta_1(t) + \theta_2(t))$ と置き換えています．この式の意味は，右辺の，ロボットの各モー

1)　このような上から見た（神の視点から見た，などと言われます）座標系のことをデカルト座標系，あるいはカーテシアンと呼ぶこともあります．デカルトは，物事を主観的に捉えるのではなく，第三者的な視点から捉えようとしていたことに関係しています．

タの角度が決まれば，それに応じて，左辺の，作業座標系における手先位置が一意に決まる，ということです．このように，関節角から手先の位置を計算することを，位置に関する順運動学問題を解く，といいます[2]．

では逆に，手先の位置 $\boldsymbol{p}(t)$ が与えられたときに，これを実現するモータの角度 $\theta_1(t)$，$\theta_2(t)$ を求めてみましょう．式 (1.1) を，$\theta_1(t)$，$\theta_2(t)$ について解くことによって求めることができます．ここでは，モータが何回転もしてしまわないように，モータの回転角には，$-\pi < \theta_1(t) \leq \pi$，$-\pi < \theta_2(t) \leq \pi$ という制限を設けておくことにします．1 行目の 2 乗と，2 行目の 2 乗の和をとることによって

$$
\begin{aligned}
p_x(t)^2 + p_y(t)^2 &= (l_1 C_1 + l_2 C_{12})^2 + (l_1 S_1 + l_2 S_{12})^2 \\
&= {l_1}^2 + {l_2}^2 + 2 l_1 l_2 (C_1 C_{12} + S_1 S_{12})
\end{aligned}
$$

三角関数の加法定理を使うと

$$
= {l_1}^2 + {l_2}^2 + 2 l_1 l_2 C_2 \tag{1.2}
$$

となります．この式から

$$
C_2 = \frac{p_x(t)^2 + p_y(t)^2 - {l_1}^2 - {l_2}^2}{2 l_1 l_2} \tag{1.3}
$$

が得られます．式 (1.3) が解をもつためには，右辺が $[-1, 1]$ の範囲に入る必要があるので

$$
-1 \leq \frac{p_x(t)^2 + p_y(t)^2 - {l_1}^2 - {l_2}^2}{2 l_1 l_2} \leq 1 \tag{1.4}
$$

です．これを変形すると

$$
-2 l_1 l_2 \leq p_x(t)^2 + p_y(t)^2 - {l_1}^2 - {l_2}^2 \leq 2 l_1 l_2
$$

$$
{l_1}^2 + {l_2}^2 - 2 l_1 l_2 \leq p_x(t)^2 + p_y(t)^2 \leq {l_1}^2 + {l_2}^2 + 2 l_1 l_2
$$

より

$$
(l_1 - l_2)^2 \leq p_x(t)^2 + p_y(t)^2 \leq (l_1 + l_2)^2 \tag{1.5}
$$

となります．**図 1.3** を見てください．$(l_1 - l_2)^2 = p_x(t)^2 + p_y(t)^2$ が，小さいほうの円，$p_x(t)^2 + p_y(t)^2 = (l_1 + l_2)^2$ が，大きいほうの円で，式 (1.5) 全体で，ドーナツ状

2)　あとで述べますが，「位置に関する運動学問題」のほかに，「速度に関する運動学問題（あるいは「微分運動学問題」）」があります．ここからしばらくは「位置に関する運動学問題」しか扱いませんので，特に混同しない限り，単に「運動学問題」と書くことにします．

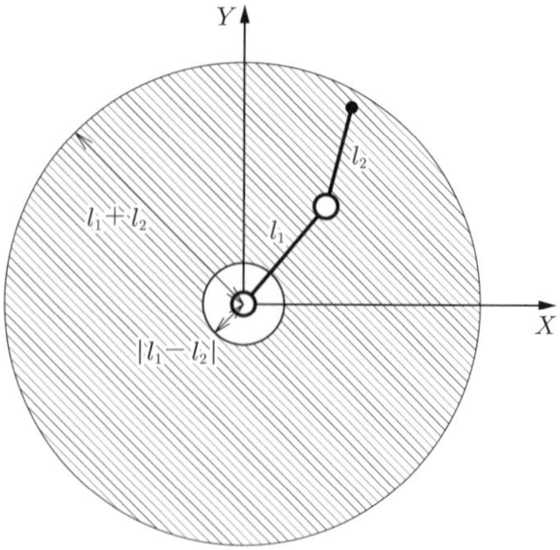

図 1.3：斜線部が，平面 2 自由度ロボットの先端の到達範囲．$(l_1-l_2)^2 = p_x(t)^2 + p_y(t)^2$ が，小さいほうの円，$p_x(t)^2 + p_y(t)^2 = (l_1+l_2)^2$ が，大きいほうの円を示しています．

の領域を表しています．この領域内に $\boldsymbol{p}(t)$ が入っていなければ，$\theta_2(t)$ が求められないということです．そして，この領域は，ロボットの先端が届く範囲（到達範囲）を表しています．

図 1.3 の斜線の範囲に，手先位置 $\boldsymbol{p}(t)$ が与えられれば，式 (1.3) の右辺に代入することによって，$C_2 = \cos\theta_2(t)$ が一意に決まる，ということがわかりました．$\cos\theta_2(t)$ と $\cos(-\theta_2(t))$ は同じ値ですので，式 (1.3) によって計算されたある一つの C_2 について，$\theta_2(t)$ としては，プラスとマイナスと，二つの答えが出てきます．これは，**図 1.4** に示されるように，一つの手先位置に対応して，二組の答えが存在することを意味しています．先ほどの順運動学問題の式 (1.1) とは違い，手先の位置が決まっても，それに対して関節角は一意には決まりません．このように手先位置から関節角を求める問題のことを，逆運動学問題といいます．一般に，順運動学問題の解は一意に決まりますが，逆運動学問題の解は複数，あるいは無限に存在します．

$\theta_2(t)$ が求まったら，次に $\theta_1(t)$ を求めましょう．再び加法定理を使うと

$$
\begin{bmatrix} p_x(t) \\ p_y(t) \end{bmatrix} = \begin{bmatrix} l_1C_1 + l_2C_{12} \\ l_1S_1 + l_2S_{12} \end{bmatrix}
$$

$$
= \begin{bmatrix} l_1C_1 + l_2C_1C_2 - l_2S_1S_2 \\ l_1S_1 + l_2S_1C_2 + l_2C_1S_2 \end{bmatrix}
$$

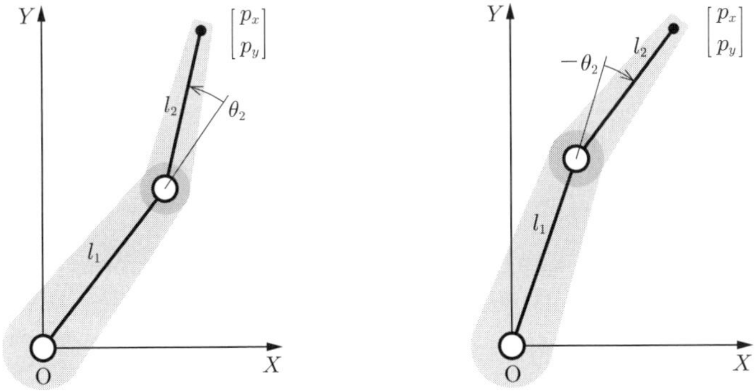

図 1.4：与えられた $\boldsymbol{p}(t) = [p_x(t) \quad p_y(t)]^T$ に対して，それを実現する $\theta_2(t)$ は二つあります．

$$= \begin{bmatrix} l_1 + l_2C_2 & -l_2S_2 \\ l_2S_2 & l_1 + l_2C_2 \end{bmatrix} \begin{bmatrix} C_1 \\ S_1 \end{bmatrix} \tag{1.6}$$

ここから

$$\begin{bmatrix} C_1 \\ S_1 \end{bmatrix} = \frac{1}{{l_1}^2 + {l_2}^2 + 2l_1l_2C_2} \begin{bmatrix} l_1 + l_2C_2 & l_2S_2 \\ -l_2S_2 & l_1 + l_2C_2 \end{bmatrix} \begin{bmatrix} p_x(t) \\ p_y(t) \end{bmatrix} \tag{1.7}$$

となります．この式の右辺に，先ほど求めた $\theta_2(t)$ と手先位置 $\boldsymbol{p}(t)$ を代入すれば，$\cos\theta_1(t)$，$\sin\theta_1(t)$ を求めることができ，$\theta_1(t)$ を一意に求めることができます．$\theta_2(t)$ のときには，コサインしか決まらなかったので，答えが二つ出てきましたが，式 (1.7) では，コサインとサインが求められるので，答えは一つしか出ないからです．

ここで，(x, y) が与えられたときに，その偏角を求める関数，4 象限アークタンジェント (4 象限逆正接) について触れておきましょう．**図 1.5**（a）にあるように，atan2(y, x) とは，座標 (x, y) の偏角を返すような関数で，その値域は $(-\pi, \pi]$ です[3]．ここでの例のように，コサインとサイン両方が与えられているときには

$$\theta_1(t) = \mathrm{atan2}(S_1, C_1) \tag{1.8}$$

と書きます．図 1.5（b）に示すように，atan2 を使うと，答えは，値域 $(-\pi, \pi]$ の範囲で求めることができるのに対し，$\tan^{-1}$ を使うと，値域 $(-\pi/2, \pi/2)$ の範囲でしか求

3)　4 象限アークタンジェントは，$\theta = \mathrm{atan2}(\sin\theta,\ \cos\theta)$ と，sin，cos の順に書きます．これは，C や Fortran などの言語に実装されていた関数名 atan2( ) に由来しています．複素表現を使うと，$\mathrm{atan2}(y,\ x) = \arg(x + iy)$ とも書けます．

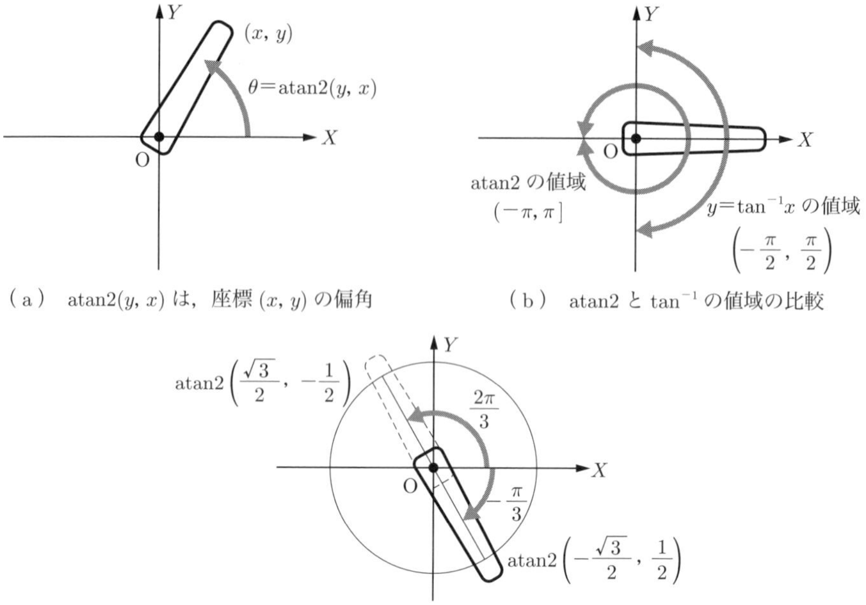

（a）　atan2(y, x) は，座標 (x, y) の偏角　（b）　atan2 と $\tan^{-1}$ の値域の比較

（c）　$\tan\theta = -\sqrt{3}$ となる二つの点

図 1.5：4 象限アークタンジェント（4 象限逆正接）atan2 と $\tan^{-1}$

めることができません．仮に，$\tan^{-1}$ の値域が $(-\pi, \pi)$（$\pm\pi/2$ を除く）であるとすると，図 1.5 (c)に示すように，$\tan^{-1}(-\sqrt{3})$ に，$2\pi/3$ と，$-\pi/3$ という二つの答えが出てきてしまいます．答えを一つに決めるためには，$\tan^{-1}$ の値域を $(-\pi/2, \pi/2)$ と半分にする必要があるのです．一方，atan2 を使えば，これらの点は，$\mathrm{atan2}\left(\sqrt{3}/2, -1/2\right)$ と $\mathrm{atan2}\left(-\sqrt{3}/2, 1/2\right)$ と，別の角度として表現されます．このように，ロボットが $-\pi < \theta_1 \leq \pi$，$-\pi < \theta_2 \leq \pi$ の範囲で動く場合には，atan2 を使う必要があります．

結局，式 (1.7)，(1.8) より

$$\theta_1(t) = \mathrm{atan2}\left(-l_2 S_2 p_x(t) + (l_1 + l_2 C_2) p_y(t), (l_1 + l_2 C_2) p_x(t) + l_2 S_2 p_y(t)\right) \tag{1.9}$$

となります．

1.2 簡単な脚ロボット

今度は，簡単な脚ロボットを考えてみましょう．**図 1.6** に描かれているように，脚ロボットの胴体に，作業座標系の原点 O を固定し，この作業座標系から見た足先の位置がどうなるかを考えてみます．脚ロボットの場合，鉛直上方を Z 軸，前方を X 軸とすることが一般的ですので，それに合わせて座標軸を決めました．

モータは，腰，ひざ，足首の 3 か所にありますので，平面 3 自由度ロボットとして考えることができます．歩くための脚の動きを設計するために，作業座標系から見た足先の位置 $p_x(t)$，$p_z(t)$ と，足の傾き $\phi_y(t)$ を決めることにします．脚を鉛直真下にぶら下げたときに，各モータの回転角が 0 であるとしましょう．図から前節と同様に

$$p_x(t) = l_1S_1 + l_2S_{12} \tag{1.10}$$

$$p_z(t) = -l_1C_1 - l_2C_{12} \tag{1.11}$$

$$\phi_y(t) = -\theta_1(t) - \theta_2(t) - \theta_3(t) \tag{1.12}$$

と計算できます．座標軸の向きや，モータの回転方向，モータの回転角が 0 のときに

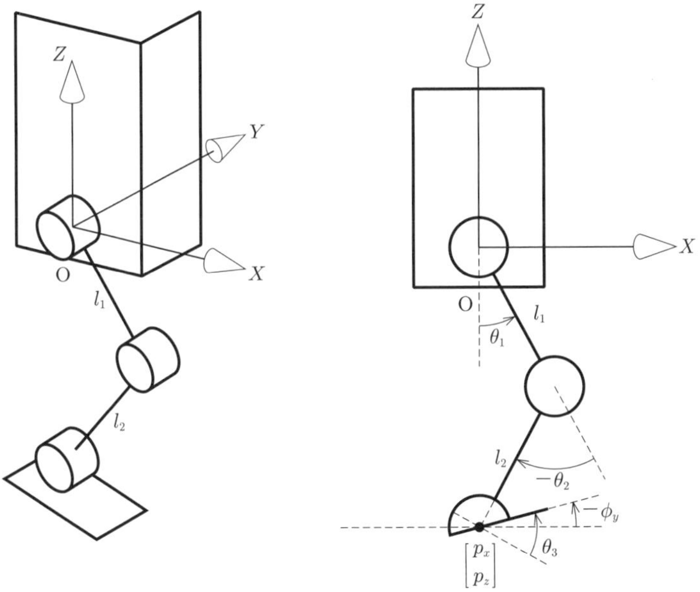

図 1.6： 単純な脚ロボット．片脚には，腰関節とひざ，足首関節の平面 3 自由度があります．

ロボットがどのような姿勢をとっているかに注意しましょう．これらの式が，このロボットの順運動学問題の解です．逆に，脚先の位置 $p_x(t)$，$p_z(t)$ と足の角度 $\phi_y(t)$ が与えられたとき，これを実現する $\theta_1(t)$，$\theta_2(t)$，$\theta_3(t)$ は，これらの式を解くことによって計算することができます．

1.3 垂直型 3 自由度ロボット

次に，産業用ロボットの代表的な自由度構成である垂直型 3 自由度ロボットについて考えてみましょう（**図 1.7**）．このロボットの手先位置は

$$p_x(t) = C_1(l_2C_2 + l_3C_{23}) \tag{1.13}$$

$$p_y(t) = S_1(l_2C_2 + l_3C_{23}) \tag{1.14}$$

$$p_z(t) = l_2S_2 + l_3S_{23} \tag{1.15}$$

と書けます．このロボットの逆運動学問題の解は，これらの式を $\theta_1(t)$，$\theta_2(t)$，$\theta_3(t)$ について解くことによって得られます．式 (1.13) から (1.15) をすべて 2 乗して加えることによって

$$p_x(t)^2 + p_y(t)^2 + p_z(t)^2 = {l_2}^2 + {l_3}^2 + 2l_2l_3C_3 \tag{1.16}$$

を得ます．この式から

$$\theta_3(t) = \cos^{-1}\frac{p_x(t)^2 + p_y(t)^2 + p_z(t)^2 - {l_2}^2 - {l_3}^2}{2l_2l_3} \tag{1.17}$$

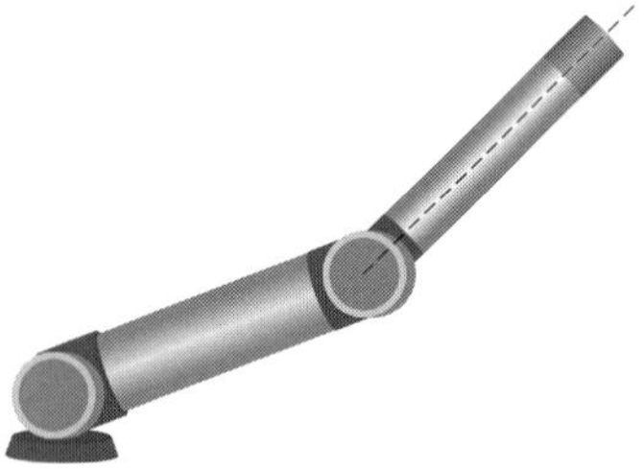

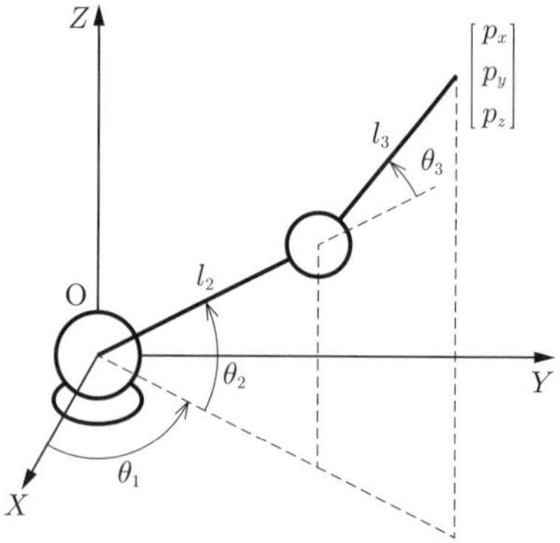

図 1.7：3 次元空間内を動く垂直型 3 自由度ロボット

を求めることができます．答えが二つあるのは，先の 2 自由度の例題と同じです．

式 (1.13)，式 (1.14) より

$$l_2C_2 + l_3C_{23} = \pm\sqrt{p_x(t)^2 + p_y(t)^2} \tag{1.18}$$

なので，$p_x(t)^2 + p_y(t)^2 \neq 0$ のとき

$$\theta_1(t) = \mathrm{atan2}(\pm p_y(t), \pm p_x(t)) \tag{1.19}$$

となります（以下，複号同順です）．$p_x(t)^2 + p_y(t)^2 = 0$ のときには，$\theta_1(t)$ は任意の値となります．

式 (1.15) と，式 (1.18) より

$$\begin{aligned} l_2C_2 + l_3C_{23} &= \pm\sqrt{p_x(t)^2 + p_y(t)^2} \\ l_2S_2 + l_3S_{23} &= p_z(t) \end{aligned}$$

さらに，加法定理を用いて左辺を整理すると

$$\begin{bmatrix} l_2 + l_3C_3 & -l_3S_3 \\ l_3S_3 & l_2 + l_3C_3 \end{bmatrix} \begin{bmatrix} C_2 \\ S_2 \end{bmatrix} = \begin{bmatrix} \pm\sqrt{p_x(t)^2 + p_y(t)^2} \\ p_z(t) \end{bmatrix}$$

と変形できます．左辺の行列の行列式は必ず正となるので

$$\begin{aligned} &\begin{bmatrix} C_2 \\ S_2 \end{bmatrix} \\ &= \frac{1}{(l_2 + l_3C_3)^2 + {l_3}^2{S_3}^2} \begin{bmatrix} l_2 + l_3C_3 & l_3S_3 \\ -l_3S_3 & l_2 + l_3C_3 \end{bmatrix} \begin{bmatrix} \pm\sqrt{p_x(t)^2 + p_y(t)^2} \\ p_z(t) \end{bmatrix} \end{aligned}$$

この式より

$$\begin{aligned} \theta_2(t) = \mathrm{atan2}(&\mp l_3S_3\sqrt{p_x(t)^2 + p_y(t)^2} + (l_2 + l_3C_3)p_z(t), \\ &\pm(l_2 + l_3C_3)\sqrt{p_x(t)^2 + p_y(t)^2} + l_3S_3p_z(t)) \end{aligned} \tag{1.20}$$

です．この式は，$p_x(t)^2 + p_y(t)^2 = 0$ でも成立します．

まとめると，$p_x(t)^2 + p_y(t)^2 \neq 0$ のとき，式 (1.17) より $\theta_3(t)$ が 2 通り，$\theta_1(t)$ の複号で 2 通り，合計 4 通りの答え，$p_x(t)^2 + p_y(t)^2 = 0$ のとき，$\theta_1(t)$ は任意となります．

1.4 本章のまとめ

第1章，関節変位と作業座標の関係のまとめは以下の通りです．

（1）ロボットの関節変位が決まれば，一意に手先位置が決まる．この関係を求めることを，（位置の）順運動学問題を解く，という．逆に，手先の位置が与えられたときに，それを実現する関節変位を求めることを，逆運動学問題を解く，という．

（2）順運動学問題は，解が一意に決まるが，逆運動学問題には，解が複数（あるいは無限に）存在する．

（3）ロボットの届く範囲（到達範囲）は，逆運動学問題が解を持つ条件と関係がある．

（4）逆運動学問題を解いて，ロボットの関節角を求めるときには，アークタンジェント $\tan^{-1}$ ではなく，4象限アークタンジェント atan2 を使う．その理由は，値域が広く，ロボットの動作範囲をカバーできることである．

コラム　円筒座標系

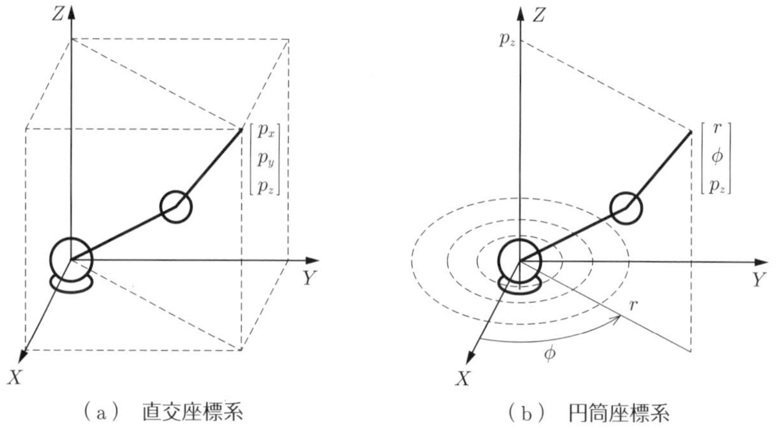

図：直交座標系と円筒座標系

本章の例では，作業座標系は，XYZ 軸からなる直交座標系でしたが，それ以外の座標系，例えば円筒座標系を使って，ロボットの手先の位置を記述することもできます．図中(b)は，作業座標系として，円筒座標系 $[r\ \phi\ p_z]$ を使った例です．この場合，手先位置は

$$r(t) = l_2C_2 + l_3C_{23} \tag{1.21}$$

$$\phi(t) = \theta_1(t) \tag{1.22}$$

$$p_z(t) = l_2S_2 + l_3S_{23} \tag{1.23}$$

で与えられることになります．逆運動学問題は，$r(t)$，$\phi(t)$，$p_z(t)$ が与えられたときにそれを実現する $\theta_1(t)$，$\theta_2(t)$，$\theta_3(t)$ を求める問題となります．

円筒座標系の場合，$\phi(t)$ は，$\theta_1(t)$ と直接求めることができるため，式 (1.21) と式 (1.23) を 2 乗して足し合わせると

$$r(t)^2 + p_z(t)^2 = {l_2}^2 + {l_3}^2 + 2l_2l_3C_3 \tag{1.24}$$

となります．この式から，θ_3 を，1.1 節と同じように，求めることができます．

以上のように，このロボットについて，円筒座標から各関節変位を求めることは，直交座標系で手先を記述した式 (1.13)〜(1.15) を解くよりも簡単です．したがって，手先を，$r(t)$ が一定となるような，原点を中心とした円筒状の軌跡を描くように動かしたいときには，このような座標系を使うことが便利です．

一方で，手先が直線軌跡を描くようにロボットを動かしたいときには，$\phi(t)$ が複雑になります．したがって，手先をどのような軌跡で動かしたいかによって，直交座標系と円筒座標系を使い分けるのが便利です．

2 姿勢の記述

前章では，作業座標系における手先の位置と，関節角との関係について考えました．脚に関する例では，足の位置だけではなく，角度も問題になっていました．この脚の例のように，一つの方向（角度）だけを考えればよいときは簡単なのですが，3次元空間で，方向（角度）をどう記述するかは，少し厄介な問題です．このような，手先の方向（角度）のことを，手先の姿勢と言います．本章では，手先の姿勢を，作業座標系でどのように記述するかの方法について学習します．

2.1 姿勢記述のための回転行列

図 2.1 に，コップを持ち上げて水を入れるよう上に向ける人間の動きと，同様の動きを実現するためのロボットアームを示しています．人間が，図のようにコップをつかむ場合，全体的な動きは腕部で決めて，コップが上を向くような姿勢については，手首を使って調整しています．ロボットアームの場合も，手首部はアーム部に比べて小さいケースがほとんどなので，まず手先の位置決めをアーム部でしてから，細かい姿勢の調整を手首部でする，という方法で計算量を減らすことができます．その具体的な計算は，このあと第 5 章で触れますが，ここでは，コップがどちらを向いているか

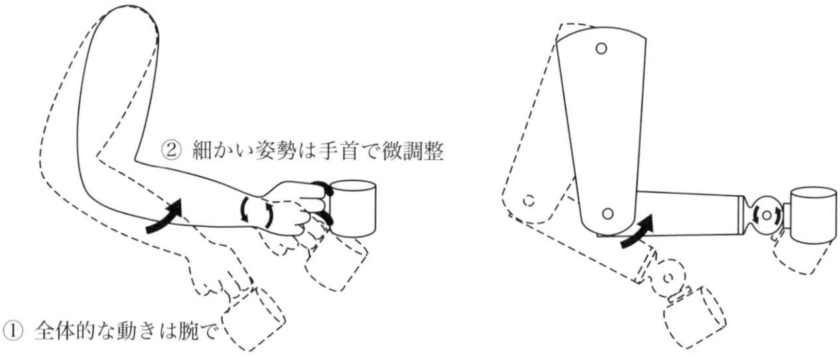

図 2.1：人間の動きと，手首のあるロボットアーム

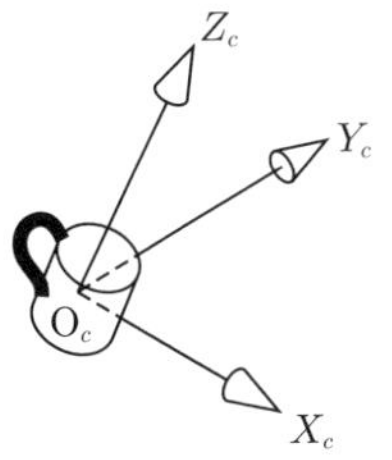

（a） コップ座標系 O_c–$X_cY_cZ_c$

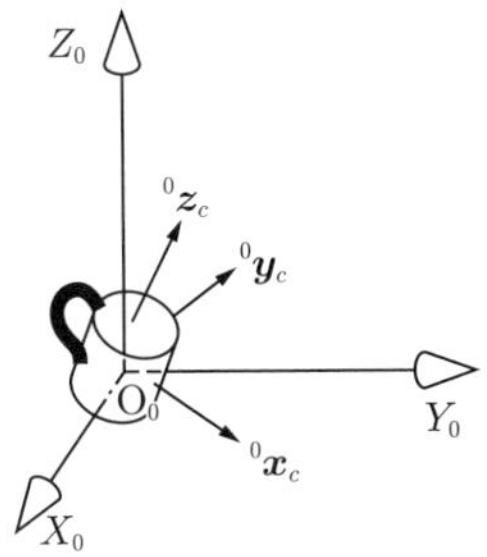

（b） 基準座標系 O_0–$X_0Y_0Z_0$ から見たコップ座標系各軸方向の単位ベクトル

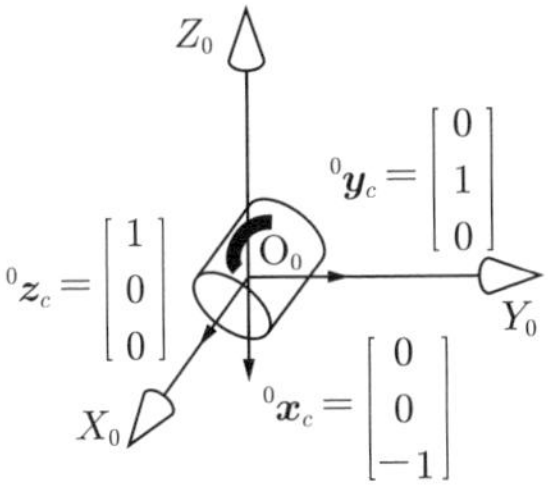

（c） コップは真横（X_0 方向），取っ手は真上（Z_0 方向）

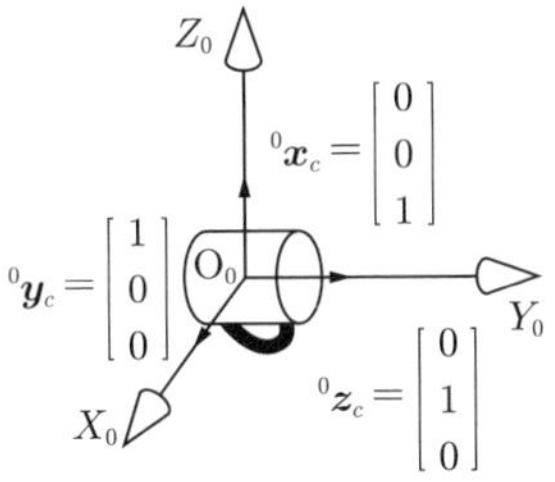

（d） コップは真横（X_0 方向），取っ手は真下（$-Z_0$ 方向）

図 2.2：コップ座標系と基準座標系に対する回転行列

という姿勢を，数学的にどのように記述すればよいかを考えましょう．

コップの姿勢を記述するために，ここで回転行列について説明します（**図 2.2**）．まず，コップに「コップ座標系 Σ_c：O_c–$X_cY_cZ_c$」を「貼り付け」ます（図 2.2（a））．この座標系はコップの中心に原点 O_c を持ち，コップの上方向に Z_c 軸，取っ手と反対方向に X_c 軸，そしてこれらと右手系となるように Y_c 軸をとります．この座標系はコップに貼り付けられ固定されているので，コップをくるくる回すと，一緒になって回転するような座標系です．

基準座標系 O_0–$X_0Y_0Z_0$ から見たときのコップの姿勢を記述するために，回転行列を定義しましょう（図 2.2（b））．回転行列は，コップ座標系の X_c 方向の単位ベクトル $\boldsymbol{x}_c$，Y_c 方向の単位ベクトル $\boldsymbol{y}_c$，Z_c 方向の単位ベクトル $\boldsymbol{z}_c$ を基準座標系 Σ_0：O_0–$X_0Y_0Z_0$ から見たときのベクトル ${}^0\boldsymbol{x}_c$，${}^0\boldsymbol{y}_c$，${}^0\boldsymbol{z}_c$ を用いて

$$
{}^0\boldsymbol{R}_c = \begin{bmatrix} {}^0\boldsymbol{x}_c & {}^0\boldsymbol{y}_c & {}^0\boldsymbol{z}_c \end{bmatrix} \tag{2.1}
$$

とします．ここで，ベクトルの左肩に乗っている小さい添字 ^{0} は，これらのベクトルが，基準座標系から見たものであることを示しています（参照座標系と呼びます）．

少しわかりにくいので，例を見てみましょう．図 2.2 (c)の場合，コップは真横（X_c 方向），取っ手が真上（Z_c 方向）を向いています．このとき，回転行列は

$$
{}^0\boldsymbol{R}_c = \begin{bmatrix} 0 & 0 & 1 \\ 0 & 1 & 0 \\ -1 & 0 & 0 \end{bmatrix}
$$

となります．同様に，図 2.2 (d)の場合，コップは真横（Y_c 方向），取っ手が真下（$-Z_c$ 方向）を向いています．このとき，回転行列は

$$
{}^0\boldsymbol{R}_c = \begin{bmatrix} 0 & 1 & 0 \\ 0 & 0 & 1 \\ 1 & 0 & 0 \end{bmatrix}
$$

となります．

回転行列 ${}^0\boldsymbol{R}_c$ が与えられれば，基準座標系 Σ_0 に対して，コップがどちらを向いているかを一意に決めることができます．この回転行列は，もともと，コップ座標系の X_c 軸，Y_c 軸，Z_c 軸方向の単位ベクトルを集めたものなので，各列ベクトルの大きさは 1 で，お互いに直交する，という性質を持ちます[1]．

$$
\begin{aligned}
{}^0\boldsymbol{x}_c{}^T\,{}^0\boldsymbol{x}_c &= 1 \\
{}^0\boldsymbol{y}_c{}^T\,{}^0\boldsymbol{y}_c &= 1 \\
{}^0\boldsymbol{z}_c{}^T\,{}^0\boldsymbol{z}_c &= 1 \\
{}^0\boldsymbol{x}_c{}^T\,{}^0\boldsymbol{y}_c &= 0 \\
{}^0\boldsymbol{y}_c{}^T\,{}^0\boldsymbol{z}_c &= 0 \\
{}^0\boldsymbol{z}_c{}^T\,{}^0\boldsymbol{x}_c &= 0
\end{aligned}
$$

これらの関係を使うと

$$
{}^0\boldsymbol{R}_c{}^T\,{}^0\boldsymbol{R}_c = \begin{bmatrix} {}^0\boldsymbol{x}_c{}^T \\ {}^0\boldsymbol{y}_c{}^T \\ {}^0\boldsymbol{z}_c{}^T \end{bmatrix} \begin{bmatrix} {}^0\boldsymbol{x}_c & {}^0\boldsymbol{y}_c & {}^0\boldsymbol{z}_c \end{bmatrix}
$$

1)　すでに断っていますが，本書では，ベクトルは，特に断らなければ縦ベクトルです，右肩の T は，ベクトルあるいは行列の転置，つまりベクトルの場合には，縦ベクトルなら横ベクトルに，横ベクトルなら縦ベクトルになりますし，行列の場合には，行と列を入れ換えたものになります．

$$= \begin{bmatrix} {}^0\boldsymbol{x}_c{}^T {}^0\boldsymbol{x}_c & {}^0\boldsymbol{x}_c{}^T {}^0\boldsymbol{y}_c & {}^0\boldsymbol{x}_c{}^T {}^0\boldsymbol{z}_c \\ {}^0\boldsymbol{y}_c{}^T {}^0\boldsymbol{x}_c & {}^0\boldsymbol{y}_c{}^T {}^0\boldsymbol{y}_c & {}^0\boldsymbol{y}_c{}^T {}^0\boldsymbol{z}_c \\ {}^0\boldsymbol{z}_c{}^T {}^0\boldsymbol{x}_c & {}^0\boldsymbol{z}_c{}^T {}^0\boldsymbol{y}_c & {}^0\boldsymbol{z}_c{}^T {}^0\boldsymbol{z}_c \end{bmatrix}$$
$$= \boldsymbol{I}_3 \tag{2.2}$$

となります．ここで，$\boldsymbol{I}_3$ は，3×3 の単位行列です．この式を書き換えると

$${}^0\boldsymbol{R}_c{}^{-1} = {}^0\boldsymbol{R}_c{}^T \tag{2.3}$$

とも書けます．つまり，回転行列の逆行列は，転置行列になります．

2.2 回転行列による座標変換

回転行列は，姿勢を記述するだけではなく，回転の座標変換を記述することもできます．これを理解するために，まずコップの上に，点を一つ描いてみましょう（**図 2.3**）．コップの上に描かれているので，この点は，コップ座標系 Σ_c から見る限り，固定された場所にあります．これを ${}^c\boldsymbol{r}$ と書くことにします．左肩の添え字 ^{c} は，このベクトルが，コップ座標系を参照座標系（どの座標系から見ているのか）としていることを表しています．このベクトルの要素

$${}^c\boldsymbol{r} = \begin{bmatrix} r_x & r_y & r_z \end{bmatrix}^T \tag{2.4}$$

を使うと，この点を基準座標系から見た ${}^0\boldsymbol{r}$ は

$${}^0\boldsymbol{r} = r_x{}^0\boldsymbol{x}_c + r_y{}^0\boldsymbol{y}_c + r_z{}^0\boldsymbol{z}_c \tag{2.5}$$

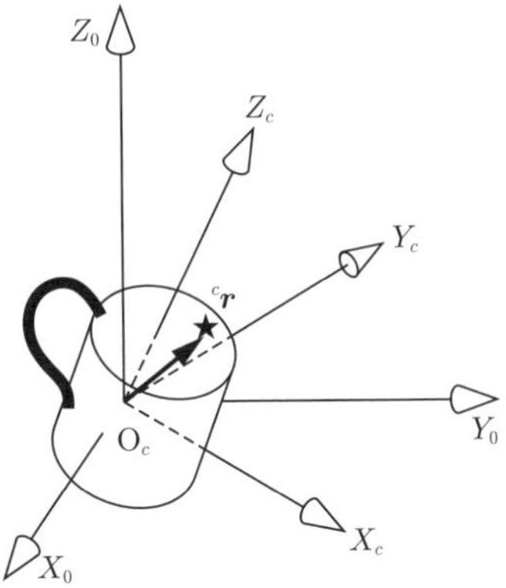

図 2.3：コップの上の点を基準座標系から見る

となることがわかります．座標系 Σ_c から見た X_c 軸方向の単位ベクトルが ${}^0\boldsymbol{x}_c$ なので，その方向の長さ $|r_x|$ のベクトルは，$r_x{}^0\boldsymbol{x}_c$ となります．これを，Y_c 軸，Z_c 軸についても同様に考えて，それらの総和が ${}^0\boldsymbol{r}$ となります．この式をさらに変形すると

$$ {}^0\boldsymbol{r} = \begin{bmatrix} {}^0\boldsymbol{x}_c & {}^0\boldsymbol{y}_c & {}^0\boldsymbol{z}_c \end{bmatrix} \begin{bmatrix} r_x \\ r_y \\ r_z \end{bmatrix} \tag{2.6} $$

$$ = {}^0\boldsymbol{R}_c{}^c\boldsymbol{r} \tag{2.7} $$

となります．つまり，基準座標系とコップ座標系の原点が一致しているとき，コップ座標系から見たベクトル ${}^c\boldsymbol{r}$ は，基準座標系から見ると

$$ {}^0\boldsymbol{r} = {}^0\boldsymbol{R}_c{}^c\boldsymbol{r} \tag{2.8} $$

と書けるということです．回転行列 ${}^0\boldsymbol{R}_c$ によって，ベクトル ${}^c\boldsymbol{r}$ の参照座標系を Σ_c から Σ_0 に変え，${}^0\boldsymbol{r}$ とすることができる，とも言えます．

2.3 ロール・ピッチ・ヨー角

行列 ${}^0\boldsymbol{R}_c$ には9個の要素がありますが，その要素の間に六つの式による拘束が存在するので，結果的に，コップの姿勢を決めているのは，3個の独立変数になります．この独立変数のとり方には，いろいろな方法があるのですが，ここでは，直観的にわかりやすく，また飛行機や自動車などの姿勢表現によく用いられる，ロール・ピッチ・ヨー角（ZYX–オイラー角）という方法を紹介します．

まず，直観的な話をしましょう．手先の位置ベクトルは，X 軸方向の変位 $[p_x \quad 0 \quad 0]^T$，Y 軸方向の変位 $[0 \quad p_y \quad 0]^T$，Z 軸方向の変位 $[0 \quad 0 \quad p_z]^T$ を足し合わせたものになります．足し合わせる順番は，変えても構いません（並進成分の可換性）．同じように，姿勢についても，X 軸回りの回転 ψ，Y 軸回りの回転 θ，Z 軸回りの回転 ϕ を考えて，これらを「合成」することにより表現可能である感じがします．しかし，ここで気を付けなければならないのは，有限回転は可換ではないことです．そこで，ロール・ピッチ・ヨー角の場合，回転の順番を，Z 軸回り，Y 軸回り，X 軸回りの順と決めます（これが，ロール・ピッチ・ヨー角の別名が ZYX–オイラー角であるゆえんです）．

コップが**図 2.4**（a）のような姿勢にあるとき，もともと Σ_0 にあったコップを3回回転して，図 2.4（d）のコップの姿勢と一致するようにします．具体的には，まず Σ_0

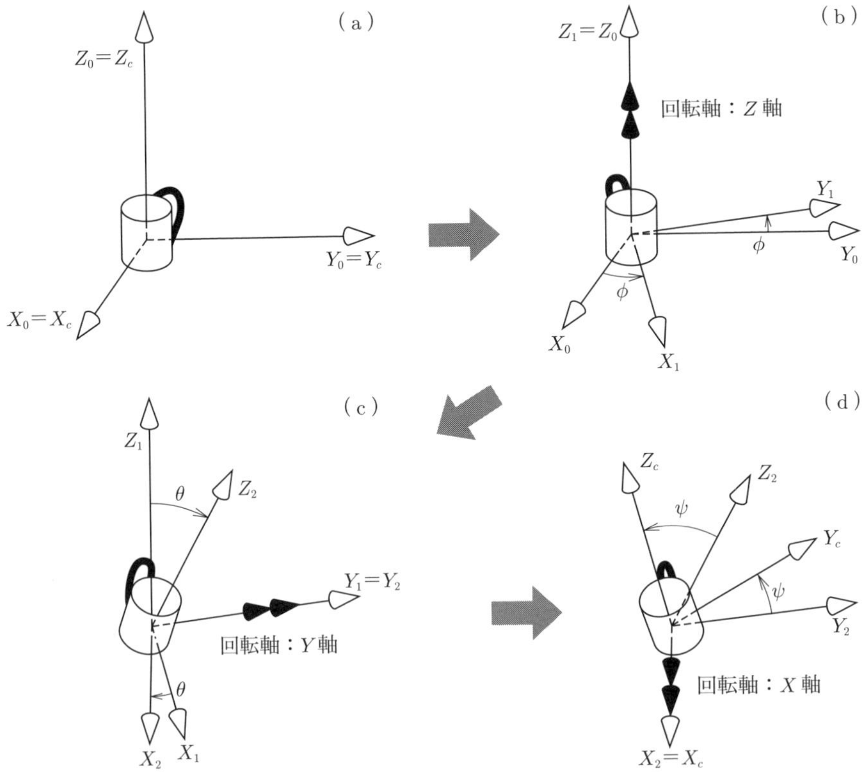

図 2.4：ロール・ピッチ・ヨー角の説明

にあるコップを Z 軸回りに ϕ 回転させ（図 2.4 (b)），回転後の Y 軸回りに θ 回転(図 2.4 (c))，さらに回転後の X 軸回りに ψ 回転（図 2.4 (d)）したものが，最終的に姿勢を表現したかったコップと一致するようにします．こうすることによって，最終的なコップの姿勢（図 2.4 (d)）は，ϕ，θ，ψ という三つの変数によって表現することができます．

3 回回すことによって得られる回転行列 ${}^0\boldsymbol{R}_c$ は具体的にこれらの 3 変数によってどう表現されるのでしょうか．まず，Z 軸回りに ϕ 回転する回転行列 ${}^0\boldsymbol{R}_1$ は，回転行列の定義，つまり各方向の単位行列を元の座標系から見たものを並べることによって

$$
{}^0\boldsymbol{R}_1 = \begin{bmatrix} C_\phi & -S_\phi & 0 \\ S_\phi & C_\phi & 0 \\ 0 & 0 & 1 \end{bmatrix} \tag{2.9}
$$

となります．ここで，先の S_1 等と同様に，$S_\phi = \sin\phi$ などの略記を用いています．この行列は，Z 軸回りに回転する回転行列なので，$(3,3)$ 要素が 1 となっていることに注意してください．次に，Y 軸回りに θ 回転する行列 ${}^1\boldsymbol{R}_2$ は

$$
{}^1\boldsymbol{R}_2 = \begin{bmatrix} C_\theta & 0 & S_\theta \\ 0 & 1 & 0 \\ -S_\theta & 0 & C_\theta \end{bmatrix} \tag{2.10}
$$

となります．Y 軸回り回転ですから，$(2,2)$ 要素が 1 になっています．さらに，X 軸回りに ψ 回転する行列 ${}^2\boldsymbol{R}_c$ は

$$
{}^2\boldsymbol{R}_c = \begin{bmatrix} 1 & 0 & 0 \\ 0 & C_\psi & -S_\psi \\ 0 & S_\psi & C_\psi \end{bmatrix} \tag{2.11}
$$

となります．結局，元の座標系 Σ_0 から見た，コップ座標系 Σ_c の姿勢を表す回転行列 ${}^0\boldsymbol{R}_c$ は，これらの式をかけることによって

$$
\begin{aligned}
{}^0\boldsymbol{R}_c &= {}^0\boldsymbol{R}_1 {}^1\boldsymbol{R}_2 {}^2\boldsymbol{R}_c \\
&= \begin{bmatrix} C_\phi & -S_\phi & 0 \\ S_\phi & C_\phi & 0 \\ 0 & 0 & 1 \end{bmatrix} \begin{bmatrix} C_\theta & 0 & S_\theta \\ 0 & 1 & 0 \\ -S_\theta & 0 & C_\theta \end{bmatrix} \begin{bmatrix} 1 & 0 & 0 \\ 0 & C_\psi & -S_\psi \\ 0 & S_\psi & C_\psi \end{bmatrix} \\
&= \begin{bmatrix} C_\phi C_\theta & -S_\phi C_\psi + C_\phi S_\theta S_\psi & S_\phi S_\psi + C_\phi S_\theta C_\psi \\ S_\phi C_\theta & C_\phi C_\psi + S_\phi S_\theta S_\psi & -C_\phi S_\psi + S_\phi S_\theta C_\psi \\ -S_\theta & C_\theta S_\psi & C_\theta C_\psi \end{bmatrix}
\end{aligned} \tag{2.12}
$$

となります．

逆に，回転行列 ${}^0\boldsymbol{R}_c$ が与えられたときに，それに相当するロール・ピッチ・ヨー角 ϕ，θ，ψ は

$$
R_{11} = C_\phi C_\theta \tag{2.13}
$$

$$
R_{12} = -S_\phi C_\psi + C_\phi S_\theta S_\psi \tag{2.14}
$$

$$
R_{13} = S_\phi S_\psi + C_\phi S_\theta C_\psi \tag{2.15}
$$

$$
R_{21} = S_\phi C_\theta \tag{2.16}
$$

$$
R_{22} = C_\phi C_\psi + S_\phi S_\theta S_\psi \tag{2.17}
$$

$$R_{23} = -C_\phi S_\psi + S_\phi S_\theta C_\psi \tag{2.18}$$

$$R_{31} = -S_\theta \tag{2.19}$$

$$R_{32} = C_\theta S_\psi \tag{2.20}$$

$$R_{33} = C_\theta C_\psi \tag{2.21}$$

を逆に解くことによって求めることができます．

まず，θ を求めてみましょう．式 (2.20)，(2.21) を 2 乗して足し，平方根をとることで

$$C_\theta = \pm\sqrt{{R_{32}}^2 + {R_{33}}^2} \tag{2.22}$$

となります．一方 S_θ は，式 (2.19) より，$-R_{31}$ です．このような S_θ，C_θ を満たすような角度 θ は，4 象限アークタンジェント atan2(　) を使って

$$\theta = \mathrm{atan2}\left(-R_{31},\ \pm\sqrt{{R_{32}}^2 + {R_{33}}^2}\right) \tag{2.23}$$

となります（以降，複号同順とします．上が $C_\theta > 0$ の場合，下が $C_\theta < 0$ の場合です）．$C_\theta \neq 0$ ならば，式 (2.13)，式 (2.16) から

$$\phi = \mathrm{atan2}\,(\pm R_{21}, \pm R_{11}) \tag{2.24}$$

式 (2.20)，式 (2.21) から

$$\psi = \mathrm{atan2}\,(\pm R_{32}, \pm R_{33}) \tag{2.25}$$

となります．これらは，ほかの式 (2.14)，(2.15)，(2.17)，(2.18) を満たすことも確認できます．

ロール・ピッチ・ヨー角を用いるとき，気を付けなければならないのが，$C_\theta = 0$ となる場合です．このとき

$$\phi = 任意 \tag{2.26}$$

$$\theta = \pm\frac{\pi}{2} \tag{2.27}$$

$$\psi = \mathrm{atan2}\,(\pm R_{12}, R_{22}) \pm \phi \tag{2.28}$$

となります．つまり，$\theta = \pm\pi/2$ のときには，一つの姿勢 $\boldsymbol{R}$ に対する ϕ と ψ の組合せが無数に存在します．これを，ロール・ピッチ・ヨー角の表現上の特異点，あるいはジンバルロックと呼びます．軌道計画時に $\theta = \pm\pi/2$ となってしまうと，ϕ や ψ が不定となるので，計画の方法によっては過大になってしまう可能性が生じます．

2.4 *ZYZ*–オイラー角

実は，ロール・ピッチ・ヨー角のように，Z，Y，X 軸回りに回転する以外にも，任意の回転を表現するための 3 つの有限回転の組合せは存在します．例えば，ロボット関連で有名なのは，ZYZ–オイラー角です．その名の通り，Σ_0 を Z 軸回りに ϕ 回転させ，回転後の Y 軸回りに θ 回転，さらに回転後の Z 軸回りに ψ 回転した座標系を，Σ_c とするやり方です．ZYZ–オイラー角で得られる回転行列は

$$
\begin{aligned}
{}^0\boldsymbol{R}_c &= {}^0\boldsymbol{R}_1{}^1\boldsymbol{R}_2{}^2\boldsymbol{R}_c \\
&= \begin{bmatrix} C_\phi & -S_\phi & 0 \\ S_\phi & C_\phi & 0 \\ 0 & 0 & 1 \end{bmatrix} \begin{bmatrix} C_\theta & 0 & S_\theta \\ 0 & 1 & 0 \\ -S_\theta & 0 & C_\theta \end{bmatrix} \begin{bmatrix} C_\psi & -S_\psi & 0 \\ S_\psi & C_\psi & 0 \\ 0 & 0 & 1 \end{bmatrix} \\
&= \begin{bmatrix} C_\phi C_\theta C_\psi - S_\phi S_\psi & -C_\phi C_\theta S_\psi - S_\phi C_\psi & C_\phi S_\theta \\ S_\phi C_\theta C_\psi + C_\phi S_\psi & -S_\phi C_\theta S_\psi + C_\phi C_\psi & S_\phi S_\theta \\ -S_\theta C_\psi & S_\theta S_\psi & C_\theta \end{bmatrix}
\end{aligned} \tag{2.29}
$$

となります．

2.5 単位クォータニオン

回転は，本来三つの独立な要素で表現できるはず，という考え方に基づいて，ロール・ピッチ・ヨー角，ZYZ–オイラー角について紹介してきました．ここでは別の姿勢表現として，単位クォータニオンについて触れます．単位クォータニオンによる姿勢表現には，表現上の特異点（ジンバルロック）が存在しない，姿勢間の補完が容易，といった利点があります．

クォータニオン（四元数）は，大雑把に言えば複素数の拡張です．複素数が実部と虚部の二つの要素からなるのに対し，クォータニオンは，スカラ部（1 要素）と，ベクトル部（3 要素）の四つの要素

$$
\boldsymbol{q} = (q_w \quad q_x \quad q_y \quad q_z) \tag{2.30}
$$

からなります（q_w，q_x，q_y，q_z は実数）．複素数のときは，虚数単位 i（$i^2 = -1$）を使いましたが，クォータニオンの場合，この単位が 3 種類 i，j，k で

$$
\begin{aligned}
i^2 &= -1\\
j^2 &= -1\\
k^2 &= -1\\
ij &= -ji = k\\
jk &= -kj = i\\
ki &= -ik = j
\end{aligned}
\tag{2.31}
$$

の関係を満たします．この単位を使うと

$$
\boldsymbol{q} = q_w + q_x i + q_y j + q_z k \tag{2.32}
$$

と書けます．複素数 $a + bi$（a，b は実数）では，実部 a，虚部 b と呼びますが，同じように，クォータニオン $q_w + q_x i + q_y j + q_z k$ の場合，スカラ部 q_w，ベクトル部 $q_x i + q_y j + q_z k$ と呼びます．

複素数の場合と同じように，このクォータニオンのノルムを

$$
||\boldsymbol{q}|| = \sqrt{{q_w}^2 + {q_x}^2 + {q_y}^2 + {q_z}^2} \tag{2.33}
$$

とします．また，複素数の共役が，虚部の符号を反転して作られていたように，共役クォータニオンを，ベクトル部の符号を反転して

$$
\bar{\boldsymbol{q}} = q_w - q_x i - q_y j - q_z k \tag{2.34}
$$

と定義します．この共役クォータニオンについては，2 つのクォータニオン $\boldsymbol{p}$，$\boldsymbol{q}$ に対し，$\bar{\bar{\boldsymbol{q}}} = \boldsymbol{q}$，$\overline{\boldsymbol{qp}} = \bar{\boldsymbol{p}}\bar{\boldsymbol{q}}$ が成り立ちます．

クォータニオン同士の積 $\boldsymbol{qp}$ は，$\boldsymbol{p} = p_w + p_x i + p_y j + p_z k$（$p_w$，$p_x$，$p_y$，$p_z$ は実数）とし，式 (2.31) に注意しながらかっこをはずすことで

$$
\boldsymbol{qp} = (q_w + q_x i + q_y j + q_z k)(p_w + p_x i + p_y j + p_z k) \tag{2.35}
$$

$$
\begin{aligned}
&= q_w p_w - q_x p_x - q_y p_y - q_z p_z\\
&\quad +(q_w p_x + q_x p_w + q_y p_z - q_z p_y)i\\
&\quad +(q_w p_y - q_x p_z + q_y p_w + q_z p_x)j\\
&\quad +(q_w p_z + q_x p_y - q_y p_x + q_z p_w)k
\end{aligned}
\tag{2.36}
$$

と計算できます．これは，クォータニオンの四つの要素をベクトルの四つの成分とみなして

$$qp = \begin{bmatrix} q_w & -q_x & -q_y & -q_z \\ q_x & q_w & -q_z & q_y \\ q_y & q_z & q_w & -q_x \\ q_z & -q_y & q_x & q_w \end{bmatrix} \begin{bmatrix} p_w \\ p_x \\ p_y \\ p_z \end{bmatrix} \tag{2.37}$$

と書くこともできます．また，クォータニオンの積は可換ではありません．つまり

$$qp \neq pq \tag{2.38}$$

です．

単位クォータニオン $\boldsymbol{q}$ によって，3 次元ベクトルの回転を表すには，その回転したいベクトルをクォータニオンのベクトル部とみなし，$\boldsymbol{a} = (0 \quad a_x \quad a_y \quad a_z)$ として

$$\boldsymbol{a}' = \boldsymbol{q}\boldsymbol{a}\bar{\boldsymbol{q}} \tag{2.39}$$

とします．$\boldsymbol{a}'$ のベクトル部が，$\boldsymbol{q}$ によって $\boldsymbol{a}$ のベクトル部を回転したあとのベクトルです．これが，確かに回転変換であることは，$\boldsymbol{a}'$ のノルム（$\boldsymbol{a}'$ のベクトル部の大きさ）が $\boldsymbol{a}$ と等しいことを確認すればわかります．式 (2.39) の両辺の共役は，$\overline{\boldsymbol{q}\boldsymbol{p}} = \bar{\boldsymbol{p}}\bar{\boldsymbol{q}}$ に注意して

$$\begin{aligned} \overline{\boldsymbol{a}'} &= \overline{\boldsymbol{q}\boldsymbol{a}\bar{\boldsymbol{q}}} \\ &= \bar{\bar{\boldsymbol{q}}}\bar{\boldsymbol{a}}\bar{\boldsymbol{q}} \\ &= \boldsymbol{q}\bar{\boldsymbol{a}}\bar{\boldsymbol{q}} \end{aligned}$$

$\boldsymbol{a} = (0 \quad a_x \quad a_y \quad a_z)$ の共役クォータニオン $\bar{\boldsymbol{a}}$ は

$$\begin{aligned} \bar{\boldsymbol{a}} &= (0 \quad -a_x \quad -a_y \quad -a_z) \\ &= -\boldsymbol{a} \end{aligned}$$

なので

$$\begin{aligned} \overline{\boldsymbol{a}'} &= -\boldsymbol{q}\boldsymbol{a}\bar{\boldsymbol{q}} \\ &= -\boldsymbol{a}' \end{aligned}$$

となります．共役が符号反転と同じ，ということは，$\boldsymbol{a}'$ のスカラ部が 0 であるということを示しています．$\boldsymbol{a}'$ のノルムの 2 乗は

$$\begin{aligned} ||\boldsymbol{a}'||^2 = \boldsymbol{a}'\overline{\boldsymbol{a}'} = \boldsymbol{q}\boldsymbol{a}\bar{\boldsymbol{q}}\boldsymbol{q}\bar{\boldsymbol{a}}\bar{\boldsymbol{q}} = \boldsymbol{q}\boldsymbol{a}||\boldsymbol{q}||^2\bar{\boldsymbol{a}}\bar{\boldsymbol{q}} = \boldsymbol{q}\boldsymbol{a}\bar{\boldsymbol{a}}\bar{\boldsymbol{q}} \\ = \boldsymbol{q}||\boldsymbol{a}||^2\bar{\boldsymbol{q}} = ||\boldsymbol{a}||^2\boldsymbol{q}\bar{\boldsymbol{q}} = ||\boldsymbol{a}||^2||\boldsymbol{q}||^2 = ||\boldsymbol{a}||^2 \end{aligned}$$

となります．ここで，$\boldsymbol{q}$ は単位クォータニオンであり，$||\boldsymbol{q}|| = 1$ であることを使っています．つまり，変換前の $\boldsymbol{a}$ が表す 3 次元ベクトルと，変換後の $\boldsymbol{a}'$ が表す 3 次元ベクトルは，大きさが同じであり，式 (2.39) の演算が回転であることを示しています[2)]．

回転行列のときと同様に原点が一致する二つの座標系 Σ_0，Σ_c について，Σ_0 から見た Σ_c の姿勢を考えましょう．このように，原点が共通の二つの座標系は，必ず，ある回転軸とその回りの回転によって一致させることができます．この回転軸方向の単位ベクトルを $\boldsymbol{\lambda} = \begin{bmatrix}\lambda_x & \lambda_y & \lambda_z\end{bmatrix}^T$，回転量を θ とすると，Σ_0 から見た Σ_c の姿勢を表す単位クォータニオンを

$$\boldsymbol{q} = \left(\cos\frac{\theta}{2} \quad \lambda_x \sin\frac{\theta}{2} \quad \lambda_y \sin\frac{\theta}{2} \quad \lambda_z \sin\frac{\theta}{2}\right) \tag{2.40}$$

と書くことができます[3)]．このクォータニオンのノルムが 1 であることは，$\boldsymbol{\lambda}$ が単位ベクトルであることより

$$\begin{aligned}
||\boldsymbol{q}||^2 &= \cos^2\frac{\theta}{2} + {\lambda_x}^2 \sin^2\frac{\theta}{2} + {\lambda_y}^2 \sin^2\frac{\theta}{2} + {\lambda_z}^2 \sin^2\frac{\theta}{2} \\
&= \cos^2\frac{\theta}{2} + ({\lambda_x}^2 + {\lambda_y}^2 + {\lambda_z}^2)\sin^2\frac{\theta}{2} \\
&= \cos^2\frac{\theta}{2} + \sin^2\frac{\theta}{2} \\
&= 1
\end{aligned}$$

と確認できます．

単位クォータニオンによる回転と，回転行列の関係を導いておきましょう．ベクトル $\boldsymbol{a}$ を単位クォータニオンによって回転する演算は

$$\begin{aligned}
&\boldsymbol{q}\boldsymbol{a}\bar{\boldsymbol{q}} \\
&= (q_w + q_x i + q_y j + q_z k)(a_x i + a_y j + a_z k)(q_w - q_x i - q_y j - q_z k)
\end{aligned} \tag{2.41}$$

を丁寧に計算することで

$$\begin{aligned}
&= ({q_w}^2 + {q_x}^2 - {q_y}^2 - {q_z}^2)a_x i + 2(q_y q_x + q_w q_z)a_x j + 2(q_z q_x - q_w q_y)a_x k \\
&\quad +2(q_x q_y - q_w q_z)a_y i + ({q_w}^2 - {q_x}^2 + {q_y}^2 - {q_z}^2)a_y j + 2(q_y q_z + q_w q_x)a_y k \\
&\quad +2(q_z q_x + q_w q_y)a_z i + 2(q_y q_z - q_w q_x)a_z j + ({q_w}^2 - {q_x}^2 - {q_y}^2 + {q_z}^2)a_z k
\end{aligned}$$

つまり

2) 正確には，鏡像という可能性も残しているのですが，そうではない証明はここでは省略します．
3) この式は，後述のロドリゲスの式から導出することができます．

$$\boldsymbol{q}\boldsymbol{a}\bar{\boldsymbol{q}} = \boldsymbol{R}\boldsymbol{a} \tag{2.42}$$

ただし

$$\boldsymbol{R} = \begin{bmatrix} {q_w}^2 + {q_x}^2 - {q_y}^2 - {q_z}^2 & 2(q_x q_y - q_w q_z) & 2(q_z q_x + q_w q_y) \\ 2(q_x q_y + q_w q_z) & {q_w}^2 - {q_x}^2 + {q_y}^2 - {q_z}^2 & 2(q_y q_z - q_w q_x) \\ 2(q_z q_x - q_w q_y) & 2(q_y q_z + q_w q_x) & {q_w}^2 - {q_x}^2 - {q_y}^2 + {q_z}^2 \end{bmatrix} \tag{2.43}$$

となります．この式が，単位クォータニオンによる回転と，回転行列の関係式です．

次章で，単位ベクトル $\boldsymbol{\lambda} = [\lambda_x \quad \lambda_y \quad \lambda_z]^T$ 回りに θ 回転したときの回転行列が必要になるので，ここで求めておきましょう．上式 (2.43) に，式 (2.40) を代入することで求めることができます．例えば，(1, 1) 要素は，半角の公式[4]を用いて

$$\begin{aligned} {q_w}^2 + {q_x}^2 - {q_y}^2 - {q_z}^2 &= \cos^2\frac{\theta}{2} + {\lambda_x}^2 \sin^2\frac{\theta}{2} - {\lambda_y}^2 \sin^2\frac{\theta}{2} - {\lambda_z}^2 \sin^2\frac{\theta}{2} \\ &= \cos^2\frac{\theta}{2} + ({\lambda_x}^2 - {\lambda_y}^2 - {\lambda_z}^2)\sin^2\frac{\theta}{2} \\ &= \cos^2\frac{\theta}{2} + (2{\lambda_x}^2 - 1)\sin^2\frac{\theta}{2} \\ &= \cos^2\frac{\theta}{2} - \sin^2\frac{\theta}{2} + 2{\lambda_x}^2 \sin^2\frac{\theta}{2} \\ &= \cos\theta + {\lambda_x}^2(1 - \cos\theta) \end{aligned}$$

のように求めることができます．これをすべての要素について計算すると

$$\boldsymbol{R} = \begin{bmatrix} (1-\cos\theta){\lambda_x}^2 + \cos\theta & (1-\cos\theta)\lambda_x\lambda_y - \lambda_z\sin\theta & (1-\cos\theta)\lambda_z\lambda_x + \lambda_y\sin\theta \\ (1-\cos\theta)\lambda_x\lambda_y + \lambda_z\sin\theta & (1-\cos\theta){\lambda_y}^2 + \cos\theta & (1-\cos\theta)\lambda_y\lambda_z - \lambda_x\sin\theta \\ (1-\cos\theta)\lambda_z\lambda_x - \lambda_y\sin\theta & (1-\cos\theta)\lambda_y\lambda_z + \lambda_x\sin\theta & (1-\cos\theta){\lambda_z}^2 + \cos\theta \end{bmatrix} \tag{2.44}$$

を得ます．参考までに，この式は，あるベクトル $\boldsymbol{a}$ を単位ベクトル $\boldsymbol{\lambda}$ 回りに θ だけ回転して得られるベクトル $\boldsymbol{a}'$ が，ロドリゲスの式

$$\boldsymbol{a}' = \boldsymbol{a}\cos\theta + \boldsymbol{\lambda} \times \boldsymbol{a}\sin\theta + \boldsymbol{a}^T\boldsymbol{\lambda}\boldsymbol{\lambda}(1 - \cos\theta) \tag{2.45}$$

で求めることができるのと等価です．ここでは導出は省略しますが，このロドリゲスの式の右辺を $\boldsymbol{a}$ について整理すると，式 (2.44) を，係数として導くことができます．

4)　半角の公式より，$\cos\theta = \cos^2\frac{\theta}{2} - \sin^2\frac{\theta}{2} = 2\cos^2\frac{\theta}{2} - 1 = 1 - 2\sin^2\frac{\theta}{2}$

2.6 本章のまとめ

第 2 章，姿勢の記述のまとめは以下の通りです．

（1） 3 次元空間内の姿勢を記述する方法として回転行列がある．回転行列は，回転の座標変換を表すこともできるが，9 個も要素があって表現としては冗長である．

（2） 3 つの変位で姿勢を表現する直観的な方法として，ロール・ピッチ・ヨー角，ZYZ–オイラー角などがある．これらの方法には，表現上の特異点（ジンバルロック）が存在する．

（3） ジンバルロックのない表現として，単位クォータニオンによる記法がある．クォータニオンは，複素数の 3 次元拡張版であると考えるとよい．

コラム　ロドリゲスの式

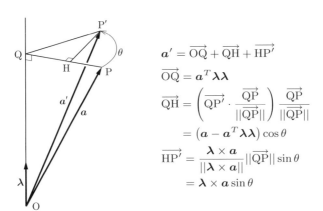

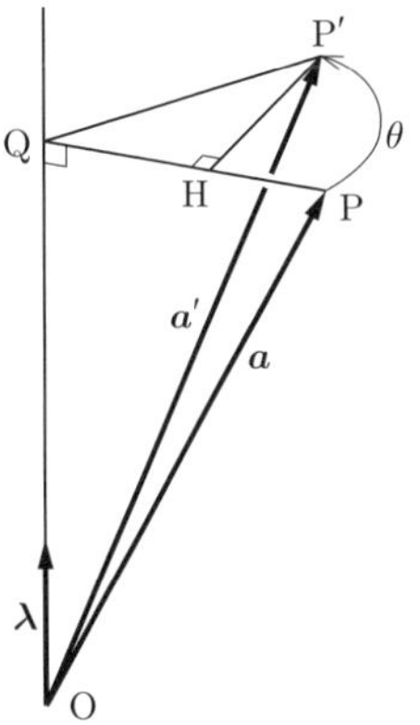

$$\boldsymbol{a}' = \overrightarrow{\mathrm{OQ}} + \overrightarrow{\mathrm{QH}} + \overrightarrow{\mathrm{HP'}}$$

$$\overrightarrow{\mathrm{OQ}} = \boldsymbol{a}^T \boldsymbol{\lambda}\boldsymbol{\lambda}$$

$$\overrightarrow{\mathrm{QH}} = \left(\overrightarrow{\mathrm{QP'}} \cdot \frac{\overrightarrow{\mathrm{QP}}}{||\overrightarrow{\mathrm{QP}}||}\right) \frac{\overrightarrow{\mathrm{QP}}}{||\overrightarrow{\mathrm{QP}}||} = \left(\boldsymbol{a} - \boldsymbol{a}^T \boldsymbol{\lambda}\boldsymbol{\lambda}\right) \cos\theta$$

$$\overrightarrow{\mathrm{HP'}} = \frac{\boldsymbol{\lambda} \times \boldsymbol{a}}{||\boldsymbol{\lambda} \times \boldsymbol{a}||} ||\overrightarrow{\mathrm{QP}}|| \sin\theta = \boldsymbol{\lambda} \times \boldsymbol{a} \sin\theta$$

図：ベクトル $\boldsymbol{a}$ を $\boldsymbol{\lambda}$ 回りに角度 θ だけ回転

ロドリゲスの式は，簡単な幾何学を考えることで求めることができます．ベクトル $\boldsymbol{a}$ を，ベクトル $\boldsymbol{\lambda}$ 方向に θ 回転したものを，$\boldsymbol{a}'$ とします．**図**からわかるように

$$\boldsymbol{a}' = \overrightarrow{\mathrm{OQ}} + \overrightarrow{\mathrm{QH}} + \overrightarrow{\mathrm{HP'}} \tag{2.46}$$

となります．$\overrightarrow{\mathrm{OQ}}$ は，$\boldsymbol{a}$ の $\boldsymbol{\lambda}$ 方向への射影ですから

$$\overrightarrow{\mathrm{OQ}} = \boldsymbol{a}^T \boldsymbol{\lambda}\boldsymbol{\lambda}$$

となります．したがって，$\overrightarrow{\mathrm{QP}} = \overrightarrow{\mathrm{OP}} - \overrightarrow{\mathrm{OQ}} = \boldsymbol{a} - \boldsymbol{a}^T \boldsymbol{\lambda}\boldsymbol{\lambda}$ です．$\overrightarrow{\mathrm{QH}}$ は，$\overrightarrow{\mathrm{QP'}}$ の $\overrightarrow{\mathrm{QP}}$ 方向への射影ですので

$$\begin{aligned}
\overrightarrow{\mathrm{QH}} &= \left(\overrightarrow{\mathrm{QP'}} \cdot \frac{\overrightarrow{\mathrm{QP}}}{||\overrightarrow{\mathrm{QP}}||}\right) \frac{\overrightarrow{\mathrm{QP}}}{||\overrightarrow{\mathrm{QP}}||} \\
&= \frac{\overrightarrow{\mathrm{QP'}} \cdot \overrightarrow{\mathrm{QP}}}{||\overrightarrow{\mathrm{QP}}||^2} \overrightarrow{\mathrm{QP}} \\
&= \overrightarrow{\mathrm{QP}} \cos\theta \\
&= \left(\boldsymbol{a} - \boldsymbol{a}^T \boldsymbol{\lambda}\boldsymbol{\lambda}\right) \cos\theta
\end{aligned}$$

となります．

さらに，$\overrightarrow{\mathrm{HP'}}$ ですが，大きさが $||\overrightarrow{\mathrm{QP}}|| \sin\theta$ で，方向が $\boldsymbol{\lambda} \times \boldsymbol{a}$ の方向ですので

$$\begin{aligned}
\overrightarrow{\mathrm{HP'}} &= \frac{\boldsymbol{\lambda} \times \boldsymbol{a}}{||\boldsymbol{\lambda} \times \boldsymbol{a}||} ||\overrightarrow{\mathrm{QP}}|| \sin\theta \\
&= \frac{\boldsymbol{\lambda} \times \boldsymbol{a}}{||\boldsymbol{\lambda} \times \boldsymbol{a}||} ||\boldsymbol{\lambda} \times \boldsymbol{a}|| \sin\theta \\
&= \boldsymbol{\lambda} \times \boldsymbol{a} \sin\theta
\end{aligned}$$

です．これらを式 (2.46) に代入すると，ロドリゲスの式

$$\boldsymbol{a}' = \boldsymbol{a}\cos\theta + \boldsymbol{\lambda} \times \boldsymbol{a} \sin\theta + \boldsymbol{a}^T \boldsymbol{\lambda}\boldsymbol{\lambda}(1 - \cos\theta)$$

を得ます．

3 目標軌道の生成

前章までで，いくつかの比較的単純なロボットについては，位置に関する順運動学問題や，逆運動学問題を解くことができるようになったはずです．これらの知識を使うと，位置制御されたモータで動くロボットの手先の位置・姿勢が望みのものになるように，ロボットを動かすことができます．本章では，軌道と軌跡の違いを意識しながら，軌道設計が作業座標系で行われるか，関節空間で行われるかの違い，ロボットに振動が起こりにくい時間軌道の作り方，最大速度を設定する方法，姿勢の目標軌道の設計などについて学習します．

3.1 作業座標系での軌道計画（脚ロボット）

第 1 章でもとり上げた脚ロボットについて，足先の軌道計画の一例を考えてみましょう．ここでは支持脚，つまり身体を支えている脚の軌道計画について考えます（**図 3.1**）．

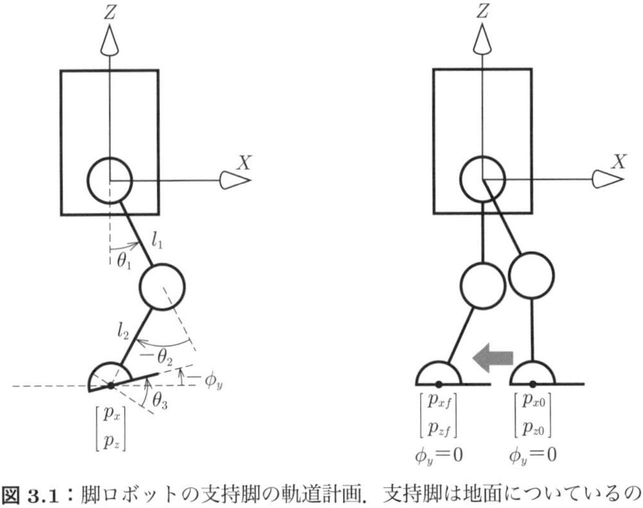

図 3.1：脚ロボットの支持脚の軌道計画．支持脚は地面についているので，胴体を揺らさないようにするためには，地面と平行に足を動かす必要があります．

胴体を揺らさないようにするためには，支持脚が地面と平行に動く必要があります．したがって，足の軌跡は，$\boldsymbol{p}_0 = \begin{bmatrix} p_{x0} & p_{z0} \end{bmatrix}^T$ と，$\boldsymbol{p}_f = \begin{bmatrix} p_{xf} & p_{zf} \end{bmatrix}^T$（ただし，$p_{z0} = p_{zf}$）を結んだ直線

$$\boldsymbol{p}_d = \boldsymbol{p}_0(1-s) + \boldsymbol{p}_f s \quad (s \in [0,1]) \tag{3.1}$$

$$\phi_{yd} = 0 \tag{3.2}$$

となります．ここで，s はパラメータで，$s=0$ が始点，$s=1$ が終点です．添え字 d は，この値が目標であることを示しています．軌跡とは，どこを通るかという空間的な情報があるだけで，いつ通るかという時間的な情報を含まないことに注意してください．次に，この s に時間的な情報を与えて軌道を作ります．

パラメータ s を不連続に変えてしまうと，ロボットはがたがたと動きます．振動が発生し，運動の精度も下がります．そこで，s を連続に変化させることにしましょう．連続な時間関数でもっとも単純なのは，**図 3.2** に示すような直線補間で

$$s = \frac{t}{T} \quad (t \in [0,T]) \tag{3.3}$$

とすることで求められます．ただし，T はロボットが動く時間です．この式を使うと

$$\boldsymbol{p}_d(t) = \boldsymbol{p}_0\left(1-\frac{t}{T}\right) + \boldsymbol{p}_f\frac{t}{T} \quad (t \in [0,T]) \tag{3.4}$$

$$\phi_{yd}(t) = 0 \tag{3.5}$$

と，作業座標系での足先の時間軌道を求めることができます．

実際にロボットを動かすためには，モータによって駆動される各関節の目標値が必要になります．このケースのように作業座標系で目標軌道を設計した場合，各時刻ごとに，逆運動学問題を解いて，関節の目標値を求める必要があります．この脚ロボットの運動学は，第 1 章で見たように

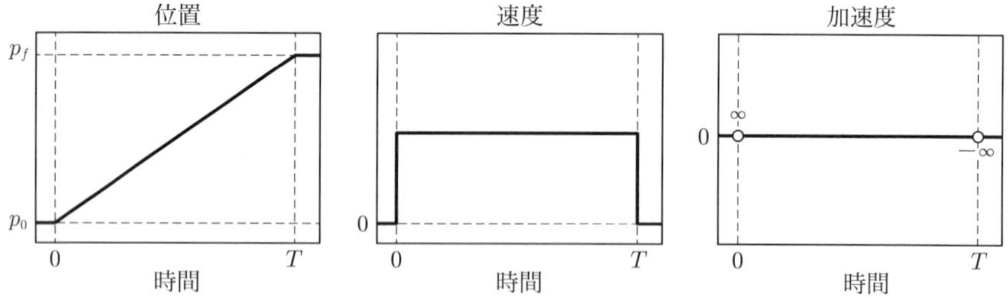

図 3.2：直線補間：もっとも単純な時間的連続軌道．

$$p_x(t) = l_1 S_1 + l_2 S_{12} \tag{3.6}$$

$$p_z(t) = -l_1 C_1 - l_2 C_{12} \tag{3.7}$$

$$\phi_y(t) = -\theta_1(t) - \theta_2(t) - \theta_3(t) \tag{3.8}$$

であり，逆運動学問題は

$$\theta_1(t) = \mathrm{atan2}((l_1 + l_2 C_2)p_x(t) + l_2 S_2 p_z(t), l_2 S_2 p_x(t) - (l_1 + l_2 C_2)p_z(t)) \tag{3.9}$$

$$\theta_2(t) = \cos^{-1} \frac{p_x(t)^2 + p_z(t)^2 - {l_1}^2 - {l_2}^2}{2 l_1 l_2} \tag{3.10}$$

$$\theta_3(t) = -\phi_y(t) - \theta_1(t) - \theta_2(t) \tag{3.11}$$

となるので，これらの式に，式 (3.4) から得られる $\boldsymbol{p}_d(t)$ と，式 (3.5) にあるように $\phi_{yd}(t) = 0$ を代入することで，関節の目標軌道を得ることができます．

3.2 関節空間での軌道計画（平面 2 自由度ロボット）

次に，**図 3.3** に示すように，平面 2 自由度ロボットの作業座標系での手先を初期値 $\boldsymbol{p}_0$ から，$\boldsymbol{p}_f$ まで移動することを考えます．前節の脚ロボットの場合には，胴体を上下に揺らさないように脚先の軌跡を決める必要がありました．しかし，このロボットが自由空間を動く場合，始点と終点が決まっている以外は，軌跡に特に制限はありません．もっとも単純な軌跡は，前節で考えたのと同じように

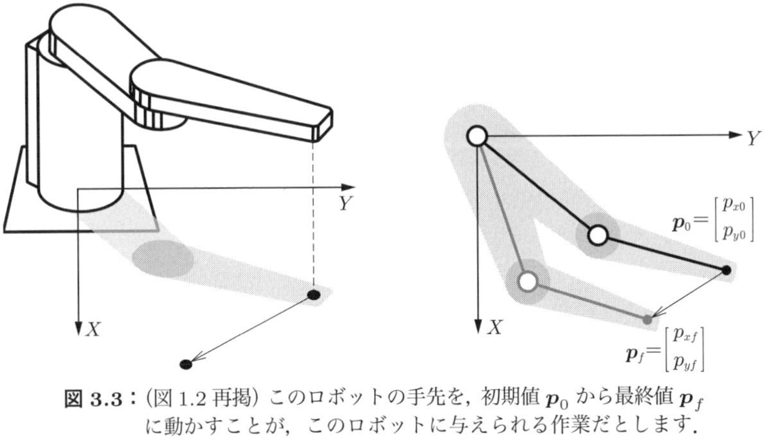

図 3.3：(図 1.2 再掲) このロボットの手先を，初期値 $\boldsymbol{p}_0$ から最終値 $\boldsymbol{p}_f$ に動かすことが，このロボットに与えられる作業だとします．

$$\boldsymbol{p}_d = \boldsymbol{p}_0(1-s) + \boldsymbol{p}_f s \quad (s \in [0,1]) \tag{3.12}$$

と初期値と最終値を結ぶ直線とすることです．ここで式 (3.12) は，どこを通るかという軌跡を示していて，いつ通るかという時間の情報はないことに注意してください．パラメータ s を時刻によってどう動かすかを，単純な連続時間関数である直線を用いて

$$s = \frac{t}{T} \quad (t \in [0,T]) \tag{3.13}$$

とすると，手先位置の時間軌道は

$$\boldsymbol{p}_d(t) = \boldsymbol{p}_0\left(1 - \frac{t}{T}\right) + \boldsymbol{p}_f\frac{t}{T} \quad (t \in [0,T]) \tag{3.14}$$

となります．この結果得られる $\boldsymbol{p}_d(t)$ を，逆運動学の式 (1.3)，(1.9) より

$$\theta_2 = \cos^{-1}\frac{p_{xd}(t)^2 + p_{yd}(t)^2 - {l_1}^2 - {l_2}^2}{2l_1 l_2} \tag{3.15}$$

$$\theta_1 = \mathrm{atan2}(-l_2S_2p_{xd}(t) + (l_1 + l_2C_2)p_{yd}(t),$$
$$(l_1 + l_2C_2)p_{xd}(t) + l_2S_2p_{yd}(t)) \tag{3.16}$$

に代入することで，$\theta_{1d}(t)$，$\theta_{2d}(t)$ を求めることができます（ここでは θ_2 として正の値のみを使うことにしています）．脚ロボットの場合と同様，時々刻々，t を変化させながら，逆運動学問題を解く必要があります．

さて，平面 2 自由度ロボットの場合には，軌跡は始点と終点以外，特に規定されていない，ということを考えると，もう少し工夫した軌跡，軌道を設計することができます．例えば，**図 3.4** を見てください．（a）は，与えられた始点と終点を，直線でつ

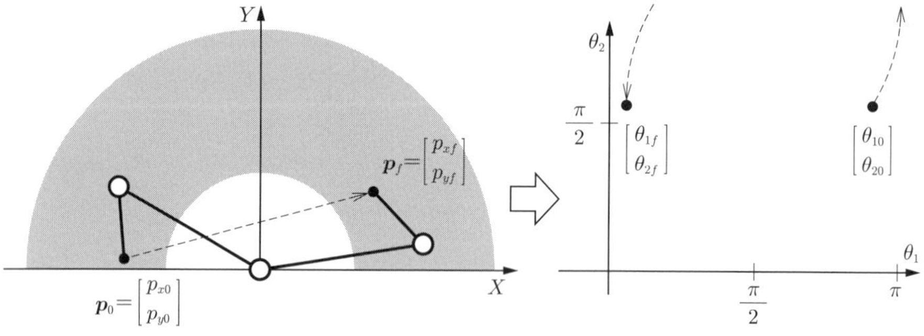

（a）　作業座標系での軌跡　　　（b）　関節空間での軌跡

図 3.4：作業座標系での軌跡と関節空間での軌跡

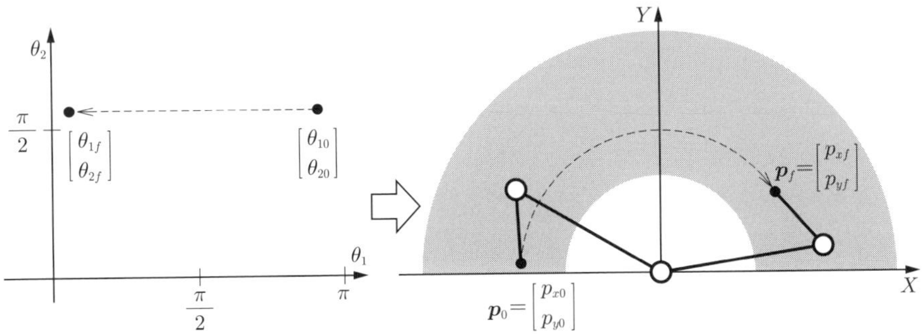

（a）　関節空間での軌跡　　　　（b）　作業座標系での軌跡

図 3.5：関節空間での軌跡と作業座標系での軌跡

ないだ軌跡が描かれています．軌跡は，可動範囲の外を通るので，実現は不可能です．(b)は，この軌跡に対応する θ_1，θ_2 の変化を示しています．この軌跡は可動範囲の外を通るため実現不可能なので，真ん中の部分をつなげることができません．このように，作業座標系で軌跡，軌道を設計すると，関節の拘束（関節の運動範囲，最大速度など）を考慮しにくいことがあります．

一方，図 3.4 (a)の始点 $\boldsymbol{p}_0$ と，終点 $\boldsymbol{p}_f$ に相当する関節角を考え，関節空間で軌跡を設計しようとしているのが，**図 3.5** です．この場合，まず，(a)で，関節空間で軌跡を作ります．ここでは破線で示された $\theta_2 =$ 一定（$\theta_{20} = \theta_{2f}$）の直線を作ります．これを，作業座標系に変換したものが，図 3.5 (b)です．θ_2 を一定とし，θ_1 を動かすことで，始点 $\boldsymbol{p}_0$ から終点 $\boldsymbol{p}_f$ へと移動することができます．

このように，ロボットの軌跡，軌道を設計する場合，(1)作業座標系で軌跡を作って，それに時間変化を加えることで軌道を作る方法と，(2)作業座標系で与えられた始点と終点に対応する関節角を求め，関節空間で軌跡を作って，そこから軌道を設計する方法，があることがわかります．前者の場合の手順は

（1）　作業座標系で軌跡，軌道を作り，関節の目標値を求める方法

（a）　まず，現在の関節角度 $\boldsymbol{\theta}(0)$ から，順運動学問題を解くことで，手先の位置・姿勢 $\boldsymbol{p}(0)$ を求める．

（b）　手先の最終目標位置・姿勢 $\boldsymbol{p}_d(T)$ への軌跡，軌道を作業座標系で設計する．得られる軌道は，作業座標系の座標 $\boldsymbol{p}_d(t)$ として求められる．

（c）　各時刻ごとに，逆運動学問題を解いて，$\boldsymbol{p}_d(t)$ から，関節の時間軌道 $\boldsymbol{\theta}_d(t)$ を求める．

となります．この場合，手順（c）で，各時刻ごとに逆運動学問題を解く必要があります．また，軌跡と軌道の設計は作業座標系で行われるため，各関節の可動範囲や最大速度などの考慮が難しい，という問題が起こる可能性があります．一方，後者の場合の手順は

（2）　作業座標系で与えられた始点と終点に対応する関節角を求め，関節空間で軌跡，軌道を作って関節の目標値を求める方法

（a）　まず，現在の関節角度 $\boldsymbol{\theta}(0)$ から，順運動学問題を解くことで，手先の位置・姿勢 $\boldsymbol{p}(0)$ を求める．

（b）　手先の最終目標位置・姿勢 $\boldsymbol{p}_d(T)$ から，逆運動学問題を解くことによって最終の関節角度 $\boldsymbol{\theta}_d(T)$ を求める．

（c）　関節空間で，$\boldsymbol{\theta}(0)$ と $\boldsymbol{\theta}_d(T)$ の間を移動する軌跡 $\boldsymbol{\theta}_d(s)$ を設計し，パラメータ s の時間関数を決めることで，目標となる関節の時間軌道 $\boldsymbol{\theta}_d(t)$ を作る．

となります．この場合には，手順（b）で一度だけ逆運動学問題を解きます．軌跡と軌道の設計は関節空間で行われるため，各関節の可動範囲や最大速度などの考慮（図 3.5（a））は容易である一方，結果的にロボットが作業座標系のどこを通るかわかりません．

3.3　時間の多項式に基づく軌道生成

ここまで，軌道計画問題をできるだけ一般化するため，軌跡計画と，軌道計画をできるだけ分けて表現してきました．作業座標系で軌跡を作るケース（1）の場合には，軌跡 $\boldsymbol{p}(s), s \in [0,1]$ について，関節空間で軌跡を作るケース（2）の場合には，軌跡 $\boldsymbol{\theta}(s), s \in [0,1]$ について，パラメータ s の時間関数を設計することで，最終的に関節軌道を求めることができます．

そしてここまでは，パラメータ s の設計方法として，もっとも単純な連続関数である 1 次式（直線，図 3.2）を用いてきました．しかし，図からわかるように，1 次式で

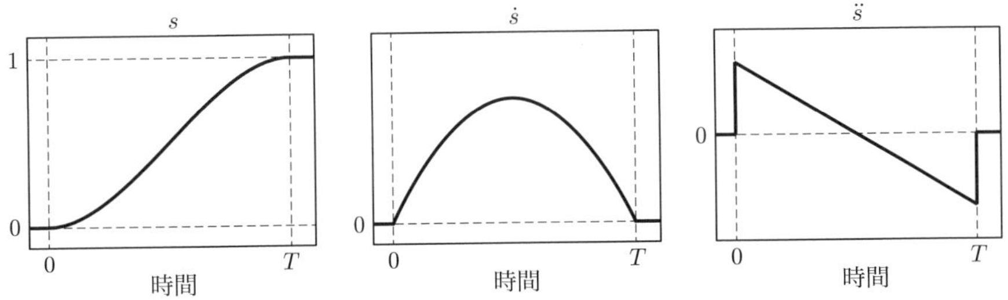

図 3.6：時間の 3 次多項式によって設計された時間軌道

は，時刻 0，時刻 T で速度が不連続になり，この方法でロボットを動かすと，時刻 0，時刻 T でロボットが大きく振動することになります．そこで，速度まで連続な関数を考えましょう．

時刻 $t = 0$ に $s = 0$，$t = T$ に $s = 1$ となる最低次数の多項式が 1 次式でした．これに，さらに，時刻 $t = 0$，$t = T$ に $\dot{s} = 0$ となる条件を加えます．これを実現する最低次数の多項式は，3 次式

$$s = a_3\left(\frac{t}{T}\right)^3 + a_2\left(\frac{t}{T}\right)^2 + a_1\left(\frac{t}{T}\right) + a_0 \tag{3.17}$$

です．これを 1 回微分すると

$$\dot{s} = 3a_3\left(\frac{t^2}{T^3}\right) + 2a_2\left(\frac{t}{T^2}\right) + a_1\left(\frac{1}{T}\right) \tag{3.18}$$

です．これらの式に，$s(0) = 0$，$s(T) = 1$，$\dot{s}(0) = 0$，$\dot{s}(T) = 0$ という四つの条件を代入して，連立方程式を解くと，係数 a_3〜a_0 を求めることができて

$$s = -2\left(\frac{t}{T}\right)^3 + 3\left(\frac{t}{T}\right)^2 \tag{3.19}$$

$$\dot{s} = -6\left(\frac{t^2}{T^3}\right) + 6\left(\frac{t}{T^2}\right) \tag{3.20}$$

となります（**図 3.6**）．

時間の 3 次多項式（図 3.6）を使うと，変位だけではなく，速度まで連続に軌道を設計することができました．しかし，この方法でも加速度は時刻 0 と T で不連続になり，ロボットが動き始めたり，止まったりするときに振動を起こします．その結果，ロボットは，その振動が収まるまで次の作業に移れないという問題が生じます．加速度まで連続にするためには，時刻 0，T における s の 2 階微分に関する条件 $\ddot{s}(0) = \ddot{s}(T) = 0$ を満たす軌道を作る必要があります．これらの境界条件をすべて満たすためには，時

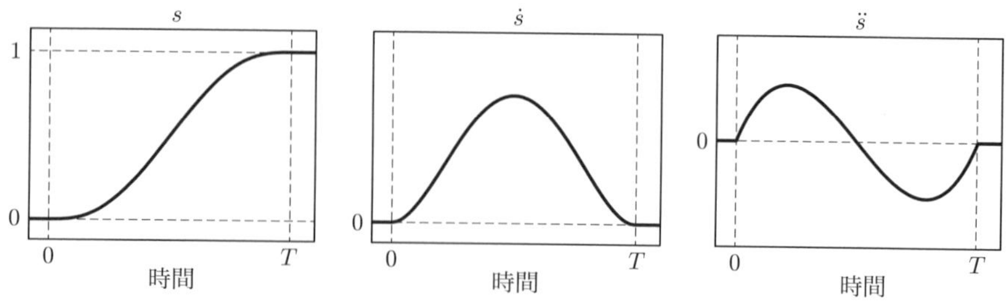

図 3.7：時間の 5 次多項式によって設計された時間軌道

間の 5 次の多項式を使う必要があります．

時間の 5 次多項式は

$$s(t) = a_5\left(\frac{t}{T}\right)^5 + a_4\left(\frac{t}{T}\right)^4 + a_3\left(\frac{t}{T}\right)^3 + a_2\left(\frac{t}{T}\right)^2 + a_1\left(\frac{t}{T}\right) + a_0 \quad (3.21)$$

です．3 次多項式のときと同様に微分すると

$$\dot{s}(t) = 5a_5\left(\frac{t^4}{T^5}\right) + 4a_4\left(\frac{t^3}{T^4}\right) + 3a_3\left(\frac{t^2}{T^3}\right) + 2a_2\left(\frac{t}{T^2}\right) + a_1\left(\frac{1}{T}\right) \quad (3.22)$$

$$\ddot{s}(t) = 20a_5\left(\frac{t^3}{T^5}\right) + 12a_4\left(\frac{t^2}{T^4}\right) + 6a_3\left(\frac{t}{T^3}\right) + 2a_2\left(\frac{1}{T^2}\right) \quad (3.23)$$

これらの式に，六つの境界条件 $s(0) = 0$，$s(T) = 1$，$\dot{s}(0) = 0$，$\dot{s}(T) = 0$，$\ddot{s}(0) = 0$，$\ddot{s}(T) = 0$ を代入して，係数 a_5〜a_0 を決めると

$$s = 6\left(\frac{t}{T}\right)^5 - 15\left(\frac{t}{T}\right)^4 + 10\left(\frac{t}{T}\right)^3 \quad (3.24)$$

$$\dot{s} = 30\left(\frac{t^4}{T^5}\right) - 60\left(\frac{t^3}{T^4}\right) + 30\left(\frac{t^2}{T^3}\right) \quad (3.25)$$

となります（**図 3.7**）．以上のように，適当な次数の時間の多項式を使うと，相応の連続性を持つ時間軌道を作ることができます．

これらの方法の欠点の一つは，各モータが最大速度で動くのが $t = T/2$ の瞬間だけであることです（図 3.6，図 3.7 の速度のグラフを見るとわかります）．これがどうして欠点かということを理解するためには，ロボットを動かすために一般的に使われている電気モータの性能を知る必要があります．モータの規格表を見ると，最大速度，定格速度など，回転速度についての性能が多く記述されています．これは，本来電気モータが，定回転速度で性能がもっとも発揮されるからです．そこで，定速度領域を指定することができる軌道生成法，速度台形則に基づく軌道生成法について次節で触れましょう．

3.4 速度台形則に基づく軌道生成

この方法は，**図 3.8** にあるように，速度が台形となるような軌道を生成します．本手法は，LSPB 法（Linear Segments with Parabolic Blends）と呼ばれることもあります．加速度のグラフを見るとわかるように，加速（加速度がプラスで一定），等速（加速度 0），減速（加速度がマイナスで一定）の区間に分割されます．等速区間では，速度が最大速度で一定となるので，モータの定格速度を考慮しながらの軌道計画が容易です．モータがダイナミカルシステム，時間に関して 2 次の運動方程式で記述されるシステムであることを考えると，等速区間は，摩擦を考えなければ電力を消費しない区間となるため，これをできるだけ長くとることは，エネルギを考えると有利になる，というポイントもあります．

速度台形則に基づく軌道生成を定式化しましょう．時間多項式軌道の場合と同様に，パラメータ s（$s \in [0,1]$）を設計するとします．変位は，速度の積分なので，台形の面積を計算して，合計 1 になるようにします．定速部分の $\dot{s}$ の値（$\dot{s}$ の最大値）を v_M，加速区間を $0 \leq t < t_b$，減速区間を $T - t_b \leq t \leq T$ とすると[1]，(台形の面積) = (変位) は

$$v_M(T - t_b) = 1 \tag{3.26}$$

となるため

$$t_b = T - \frac{1}{v_M} \tag{3.27}$$

が成立します．加速区間，減速区間の加速度 a は

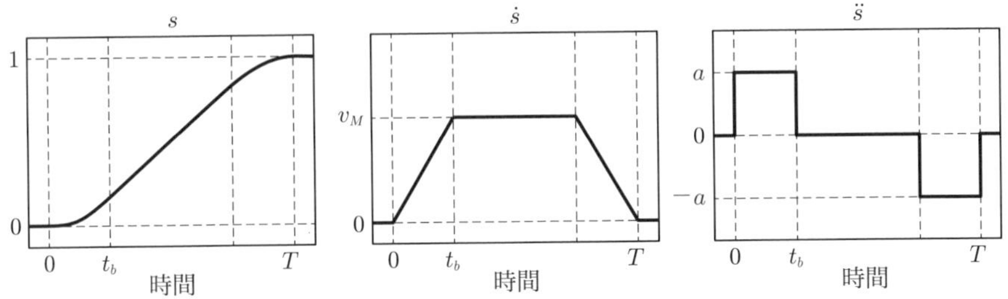

図 3.8：速度台形則に基づいて設計された時間軌道

1) 加速時間と減速時間が等しいのは，加速時と減速時の加速度の絶対値が同じ，つまりかかる力が逆転していることを意味しています．t_b はブレンド時間とも呼ばれます．

$$a = \frac{v_M}{t_b} = \frac{{v_M}^2}{v_M T - 1} \tag{3.28}$$

と，一定値になります．加速，等速，減速区間に分けて位置，速度，加速度を書くと

$$0 \le t < t_b \quad s = \frac{a}{2}t^2 \tag{3.29}$$

$$\dot{s} = at \tag{3.30}$$

$$\ddot{s} = a \tag{3.31}$$

$$t_b \le t < T - t_b \quad s = v_M\left(t - \frac{t_b}{2}\right) \tag{3.32}$$

$$\dot{s} = v_M \tag{3.33}$$

$$\ddot{s} = 0 \tag{3.34}$$

$$T - t_b \le t \le T \quad s = 1 - \frac{a}{2}(T - t)^2 \tag{3.35}$$

$$\dot{s} = a(T - t) \tag{3.36}$$

$$\ddot{s} = -a \tag{3.37}$$

です．a も t_b も v_M と T の関数なので，このうち二つの変数を決めると，軌道が一意に決まります．関節角の軌跡が与えられているとして

$$\theta_d = \theta_0(1 - s) + \theta_f s \tag{3.38}$$

だとすると，この 1 次微分は

$$\dot{\theta}_d = (\theta_f - \theta_0)\dot{s} \tag{3.39}$$

2 次微分は

$$\ddot{\theta}_d = (\theta_f - \theta_0)\ddot{s} \tag{3.40}$$

となるので，等速区間の角速度（最大角速度）は，$(\theta_f - \theta_0)v_M$，加速区間の角加速度は，$(\theta_f - \theta_0)a$ となることに注意しておきましょう．

この速度台形則に基づく軌道生成の特徴は，モータの加速度の最大値が決まっているとき，移動時間最短の軌道を生成することができることにあります．モータの加速度が階段状に変化するため，バンバン制御（Bang–Bang Control）と呼ばれることもあります．

3.5 手先の姿勢に関する軌道計画

ここまで，手先座標 $\boldsymbol{p}$ は，議論のうえで特にその次元を断ってきませんでしたが，

この座標に，例えばロール・ピッチ・ヨー角が入っていても，一般性を失わず議論することができます．例えば，手先座標が，$\begin{bmatrix} p_x & p_y & p_z & \phi & \theta & \psi \end{bmatrix}^T$ と，姿勢を含んでいたとしても，軌跡は

$$\begin{bmatrix} p_x \\ p_y \\ p_z \\ \phi \\ \theta \\ \psi \end{bmatrix} = \begin{bmatrix} p_{x0} \\ p_{y0} \\ p_{z0} \\ \phi_0 \\ \theta_0 \\ \psi_0 \end{bmatrix} (1-s) + \begin{bmatrix} p_{xf} \\ p_{yf} \\ p_{zf} \\ \phi_f \\ \theta_f \\ \psi_f \end{bmatrix} s$$

などと問題なく設計できます．この式で表されているのは，$\begin{bmatrix} p_x & p_y & p_z & \phi & \theta & \psi \end{bmatrix}^T$ という 6 次元空間内での直線です．位置に関しては，ロボットが動く実際の 3 次元空間でも直線軌跡となるので，直観的にわかりやすいのですが，姿勢に関しては，ロール・ピッチ・ヨー角の空間での「直線」となるので，3 次元空間内での動きがわかりにくくなります．

では，手先の姿勢の表現として，回転行列 $\boldsymbol{R}$ を用いることを考えてみましょう．回転行列の場合，ロール・ピッチ・ヨー角のような表現上の特異点は存在しません．基準座標系から見た回転行列を用いて，手先の初期姿勢と最終姿勢を ${}^0\boldsymbol{R}_a$，${}^0\boldsymbol{R}_f$ とし，これらを使って，目標軌道姿勢を

$${}^0\boldsymbol{R}_d(s) = (1-s){}^0\boldsymbol{R}_a + s{}^0\boldsymbol{R}_f \tag{3.41}$$

とすることができるでしょうか．このような作り方をすると，${}^0\boldsymbol{R}_d(s)$ が，必ずしも正規直交行列にならないので，姿勢の表現として意味のないものになってしまいます．したがって，回転行列を使った軌跡の設計は単純な線形補間では上手くいきません．

ここでは，一軸回転法と呼ばれる方法を紹介しましょう．初期姿勢 ${}^0\boldsymbol{R}_a$ から最終姿勢 ${}^0\boldsymbol{R}_f$ へと姿勢を徐々に変化させるために，前章で考えたように，すべての姿勢変換はあるベクトル回りの有限回転で記述することができる，という性質を使うことができます．初期姿勢 ${}^0\boldsymbol{R}_a$ と最終姿勢 ${}^0\boldsymbol{R}_f$ の「差」は，${}^a\boldsymbol{R}_f$ であることに注意しながら，この行列が，ある単位ベクトル回りの有限回転であるとして，式 (2.44) より

$${}^0\boldsymbol{R}_f = {}^0\boldsymbol{R}_a \begin{bmatrix} (1-\cos\theta_d){\lambda_x}^2+\cos\theta_d & (1-\cos\theta_d)\lambda_x\lambda_y-\lambda_z\sin\theta_d & (1-\cos\theta_d)\lambda_z\lambda_x+\lambda_y\sin\theta_d \\ (1-\cos\theta_d)\lambda_x\lambda_y+\lambda_z\sin\theta_d & (1-\cos\theta_d){\lambda_y}^2+\cos\theta_d & (1-\cos\theta_d)\lambda_y\lambda_z-\lambda_x\sin\theta_d \\ (1-\cos\theta_d)\lambda_z\lambda_x-\lambda_y\sin\theta_d & (1-\cos\theta_d)\lambda_y\lambda_z+\lambda_x\sin\theta_d & (1-\cos\theta_d){\lambda_z}^2+\cos\theta_d \end{bmatrix} \tag{3.42}$$

から，λ_x，λ_y，λ_z，θ_d を求めて，その λ_x，λ_y，λ_z を

$$ {}^0\boldsymbol{R}_d(t) = {}^0\boldsymbol{R}_a \begin{bmatrix} (1-\cos\theta){\lambda_x}^2+\cos\theta & (1-\cos\theta)\lambda_x\lambda_y-\lambda_z\sin\theta & (1-\cos\theta)\lambda_z\lambda_x+\lambda_y\sin\theta \\ (1-\cos\theta)\lambda_x\lambda_y+\lambda_z\sin\theta & (1-\cos\theta){\lambda_y}^2+\cos\theta & (1-\cos\theta)\lambda_y\lambda_z-\lambda_x\sin\theta \\ (1-\cos\theta)\lambda_z\lambda_x-\lambda_y\sin\theta & (1-\cos\theta)\lambda_y\lambda_z+\lambda_x\sin\theta & (1-\cos\theta){\lambda_z}^2+\cos\theta \end{bmatrix} \tag{3.43} $$

に代入し，θ を $0\sim\theta_d$ と変化させることで，目標となる姿勢 ${}^0\boldsymbol{R}_d(t)$ を作ることができます．一軸回転法と呼ばれるこの方法は，もともと回転行列間の補間を，わかりやすくするために提案されたものですが，その定式化は，クォータニオンの計算結果を利用していることがわかります．そこで思いつくのは，そもそも姿勢の表現として，クォータニオンを使えば，姿勢間の軌跡生成が簡単にできるのではないか，ということです．

3.6 単位クォータニオンを使った大円補間

初期姿勢 ${}^0\boldsymbol{R}_a$ から最終姿勢 ${}^0\boldsymbol{R}_f$ へと，スムーズに変化する姿勢の系列 ${}^0\boldsymbol{R}_d(s)$ を，式 (3.41) の代わりに

$$ {}^0\boldsymbol{R}_d(s) = \boldsymbol{Q}(s){}^0\boldsymbol{R}_a \tag{3.44} $$

と作ることにしましょう．最終姿勢が ${}^0\boldsymbol{R}_d(1) = {}^0\boldsymbol{R}_f$ となるように回転行列 $\boldsymbol{Q}(s)$ の系列を求めることができれば，問題は解決です．つまり

$$ \boldsymbol{Q}(s) = \boldsymbol{I} \sim {}^0\boldsymbol{R}_f{}^0{\boldsymbol{R}_a}^{-1} \tag{3.45} $$

ただし，$s = 0\sim1$ です．この式から，${}^0\boldsymbol{R}_f{}^0{\boldsymbol{R}_a}^{-1}$ が $\boldsymbol{q}_f\bar{\boldsymbol{q}}_a$ に相当するよう，単位クォータニオン $\boldsymbol{q}_c$ の表す回転軸 $\boldsymbol{\lambda}_c$ に沿って，回転角を 0 から，$\boldsymbol{q}_c$ の回転角 θ_c まで回転すれば，${}^0\boldsymbol{R}_d(s)$ の系列を求められることがわかります．式 (3.44) から

$$ \begin{aligned} &\boldsymbol{q}_d(s) \\ &= (\text{回転軸 } \boldsymbol{\lambda}_c \text{ に沿って 0 から } \theta_c \text{ まで回転するクォータニオン})\boldsymbol{q}_a \end{aligned} \tag{3.46} $$

と求められる，ということです．

では，$\boldsymbol{q}_c = \boldsymbol{q}_f\bar{\boldsymbol{q}}_a$ の回転軸 $\boldsymbol{\lambda}_c$，回転角 θ_c を求めましょう．式 (2.36) から，$\boldsymbol{q}_f\bar{\boldsymbol{q}}_a$ のスカラ部は

$$ q_{fw}q_{aw} + q_{fx}q_{ax} + q_{fy}q_{ay} + q_{fz}q_{az} \tag{3.47} $$

と計算できることがわかりますが，これは，$\boldsymbol{q}_f$ と $\boldsymbol{q}_a$ を 4 次元ベクトルとみなしたときの内積 $\boldsymbol{q}_f \cdot \boldsymbol{q}_a$ です．スカラ部は回転角で表現すると $\cos(\theta_c/2)$ なので

$$\cos\frac{\theta_c}{2} = \boldsymbol{q}_f \cdot \boldsymbol{q}_a \tag{3.48}$$

となり，$\theta_c/2$ をこの内積から求めることができます．回転軸は

$$\boldsymbol{q}_f \bar{\boldsymbol{q}}_a = \cos\frac{\theta_c}{2} + \sin\frac{\theta_c}{2}\,(\lambda_{cx} i + \lambda_{cy} j + \lambda_{cz} k) \tag{3.49}$$

より

$$\lambda_{cx} i + \lambda_{cy} j + \lambda_{cz} k = \frac{1}{\sin\frac{\theta_c}{2}}\left(\boldsymbol{q}_f \bar{\boldsymbol{q}}_a - \cos\frac{\theta_c}{2}\right) \tag{3.50}$$

となります．式 (3.46) は，式 (3.49) で示される単位クォータニオンまで $0 \sim \theta_c$ と変化するとして

$$\begin{aligned}
\boldsymbol{q}_d(s) &= \left\{\cos s\frac{\theta_c}{2} + \sin s\frac{\theta_c}{2}\,(\lambda_{cx} i + \lambda_{cy} j + \lambda_{cz} k)\right\}\boldsymbol{q}_a \\
&= \cos s\frac{\theta_c}{2}\boldsymbol{q}_a + \frac{\sin s\frac{\theta_c}{2}}{\sin\frac{\theta_c}{2}}\left(\boldsymbol{q}_f \bar{\boldsymbol{q}}_a - \cos\frac{\theta_c}{2}\right)\boldsymbol{q}_a \\
&= \cos s\frac{\theta_c}{2}\boldsymbol{q}_a + \frac{\sin s\frac{\theta_c}{2}}{\sin\frac{\theta_c}{2}}\left(\boldsymbol{q}_f - \cos\frac{\theta_c}{2}\boldsymbol{q}_a\right) \\
&= \frac{\sin s\frac{\theta_c}{2}}{\sin\frac{\theta_c}{2}}\boldsymbol{q}_f + \frac{\sin\frac{\theta_c}{2}\cos s\frac{\theta_c}{2} - \cos\frac{\theta_c}{2}\sin s\frac{\theta_c}{2}}{\sin\frac{\theta_c}{2}}\boldsymbol{q}_a \\
&= \frac{\sin s\frac{\theta_c}{2}}{\sin\frac{\theta_c}{2}}\boldsymbol{q}_f + \frac{\sin\left\{(1-s)\frac{\theta_c}{2}\right\}}{\sin\frac{\theta_c}{2}}\boldsymbol{q}_a
\end{aligned} \tag{3.51}$$

となります．ただし，これまで軌跡の設計でやってきたのと同じように $s \in [0, 1]$ としています．なお，この計算は，前節の一軸回転法と全く同じ計算であり，前節は行列の形で書いていたのに対して，本節ではクォータニオンの表現になっているだけで，等価な計算です．また，式 (3.48) からは，複数の θ を解として求めることができますが，同じ軸に対する正回転，逆回転，複数回転などに相当することに注意しておきましょう．

3.7 本章のまとめ

第 3 章，目標軌道の生成のまとめは以下の通りです．

（1）目標軌道は，作業座標系で計画するか，関節空間で計画するかで，生成される結果に違いが生じる．

（2）空間内でどこを通るかが軌跡計画であり，その軌跡に沿ってどのような時間変化をするかが軌道計画である．軌道計画には，時間の多項式や速度台形則といった方法が用いられる．

（3）姿勢の軌跡計画は，回転行列の補間を用いることができないため，一軸回転法や単位クォータニオンを使った補間が使われる．

コラム　ロボットの動きを作るのは軌道計画か，制御か

産業用ロボットを運用するとき，作業効率を左右する重要な要素の一つに，ロボットの振動があります．ロボットが，部品を取りに動き，つかみ，ワークへと移動し，取り付けるという一連の作業の継ぎ目では，ロボットはいったん静止することが要求されることが多く，そのときに振動が生じると，その振動が収まるまで動きを止める必要があります．そのため，ロボットのサイクルタイム（一連の動作をする時間）を短くするには，各静止点でできるだけ振動を出さないか，出てしまった振動を素早く抑える必要があります．振動を出さないためには，本章で議論しているように，静止点回りで振動を発生しないような不連続性の少ない軌道を使うことが，有効な手段の一つです．また，出てしまった振動を抑えるには，振動を計測するセンサを用意して，振動抑制制御を適用したり，機械的なダンパ要素を導入したりすることが有効です．

このように，ロボットのスムーズな動きを作るには，あらかじめ軌道計画で振動を発生しないようにし，発生してしまった振動は抑えるような制御を適用する必要があるということです．ロボット制御の場合，予測される，あるいは発生した振動を，制御で全て抑えてしまうという考えになりがちですが，軌道をうまく計画することで，振動の出にくい動きを作り出すことも重要であることを理解しておく必要があります．

4 運動学の一般的表現

前章までの議論で，比較的単純なロボットについては，その位置の運動学問題を考えることで，手先を望みの位置に動かすという，ロボットにとってもっとも基本的な動きをさせることができるようになっているはずです．本章では，もう少し関節の数が増え，図を見て直観的に計算することができなくなってしまうようなケースに，位置に関する運動学をどのようにして一般化するかの理論を学びます．

4.1 リンク座標系と同次変換

ロボットの各リンクの運動を記述するために，リンク座標系という概念を導入します．**図 4.1** に描かれているのは，n 本のリンクが直列につながったロボットです．根元から順番に $1,2,\cdots,n$ と番号を付けます．便宜上，地面をリンク（0）とします．リンク（i）には，リンク（i）座標系 Σ_i を貼り付けます．各リンクに，座標系をどのよ

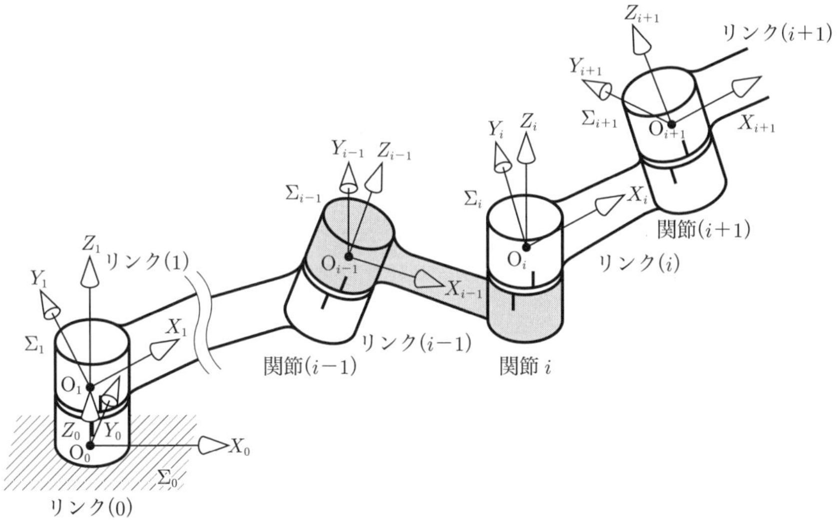

図 4.1：リンク座標系

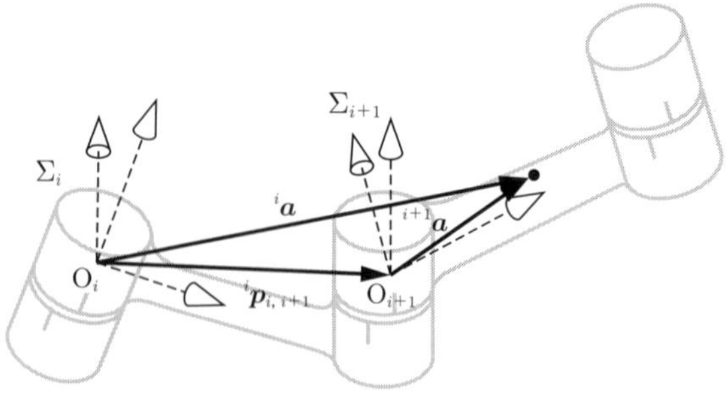

図 4.2：座標系 Σ_i から見たベクトル ${}^{i}\boldsymbol{a}$ を，座標系 Σ_{i-1} から見る

うに貼り付けるかは，次の節に譲ることとして，ここでは，このような座標系を設定すると，ロボットの位置に関する運動学をどのように書くことができるかについて考えてみましょう．

図 4.2 を見ながら，リンク $(i+1)$ 座標系 Σ_{i+1} から見たベクトル ${}^{i+1}\boldsymbol{a}$ を，リンク (i) 座標系 Σ_i から見るとどうなるかを考えましょう．Σ_i の原点 O_i から Σ_{i+1} の原点 O_{i+1} へのベクトルを Σ_i から見たベクトルを ${}^{i}\boldsymbol{p}_{i,i+1}$ とします．${}^{i}\boldsymbol{p}_{i,i+1}=\boldsymbol{0}$ のとき，つまり，二つの座標系 Σ_{i+1} と Σ_i の原点が一致しているときには，2.2 節で見たように，二つの座標系間には，回転行列の関係のみがあります．さらに，これに，両座標系の原点間の距離ベクトル ${}^{i}\boldsymbol{p}_{i,i+1}$ を加えることになるので，リンク (i) 座標系 Σ_i から見たベクトル ${}^{i}\boldsymbol{a}$ は

$$
{}^{i}\boldsymbol{a}={}^{i}\boldsymbol{R}_{i+1}\,{}^{i+1}\boldsymbol{a}+{}^{i}\boldsymbol{p}_{i,i+1} \tag{4.1}
$$

となります．モータ $(i+1)$ が直動モータの場合には，${}^{i}\boldsymbol{p}_{i,i+1}$ がモータ変位の関数，${}^{i}\boldsymbol{R}_{i+1}$ が定数行列となり，モータ $(i+1)$ が回転モータの場合には，${}^{i}\boldsymbol{R}_{i+1}$ がモータ回転角の関数，${}^{i}\boldsymbol{p}_{i,i+1}$ が定ベクトルとなることに注意しておきましょう．この式は，座標系 Σ_{i+1} から見たベクトル ${}^{i+1}\boldsymbol{a}$ を，座標系 Σ_i から見るとどうなるかを表した式で，運動学計算上もっとも重要な式の一つです．この式を使うと，リンク $(i+1)$ 座標系から見たあるベクトル ${}^{i+1}\boldsymbol{a}$ を，リンク (i) 座標系から見たとき，さらにリンク $(i-1)$ 座標系から見たとき，とさかのぼることによって，最終的にリンク (0) 座標系，つまり地面から見たときのベクトル ${}^{0}\boldsymbol{a}$ を求めることができます．ただし，この式のままでは，式 (4.1) のように，回転行列をかけ，原点間の距離ベクトルを足す，という計算を繰り返し

$$
{}^{i}\boldsymbol{a}={}^{i}\boldsymbol{R}_{i+1}\,{}^{i+1}\boldsymbol{a}+{}^{i}\boldsymbol{p}_{i,i+1}
$$

$$
\begin{aligned}
{}^{i-1}\boldsymbol{a} &= {}^{i-1}\boldsymbol{R}_i {}^{i}\boldsymbol{a} + {}^{i-1}\boldsymbol{p}_{i-1,i} \\
&= {}^{i-1}\boldsymbol{R}_i \left({}^{i}\boldsymbol{R}_{i+1} {}^{i+1}\boldsymbol{a} + {}^{i}\boldsymbol{p}_{i,i+1}\right) + {}^{i-1}\boldsymbol{p}_{i-1,i} \\
&\ \vdots \\
{}^{0}\boldsymbol{a} &= {}^{0}\boldsymbol{R}_1 \left({}^{1}\boldsymbol{R}_2 \left({}^{2}\boldsymbol{R}_3 \cdots \left({}^{i}\boldsymbol{R}_{i+1} {}^{i+1}\boldsymbol{a} + {}^{i}\boldsymbol{p}_{i,i+1}\right)\cdots\right) + {}^{1}\boldsymbol{p}_{1,2}\right) + {}^{0}\boldsymbol{p}_{0,1}
\end{aligned} \tag{4.2}
$$

と，かなり見通しの悪い式になります．そこで，ベクトルの表記に工夫を加えて，わかりやすく変形しましょう．ベクトル ${}^{i}\boldsymbol{a}$ の下に 1 を付け加えたベクトル

$$
{}^{i}\tilde{\boldsymbol{a}} \triangleq \begin{bmatrix} {}^{i}\boldsymbol{a} \\ 1 \end{bmatrix} \tag{4.3}
$$

を考えます．このベクトル ${}^{i}\tilde{\boldsymbol{a}}$ を同次ベクトルと呼びます．式 (4.1) は

$$
\begin{bmatrix} {}^{i-1}\boldsymbol{a} \\ 1 \end{bmatrix} = \left[\begin{array}{c|c} {}^{i-1}\boldsymbol{R}_i & {}^{i-1}\boldsymbol{p}_{i-1,i} \\ \hline 0\ 0\ 0 & 1 \end{array}\right] \begin{bmatrix} {}^{i}\boldsymbol{a} \\ 1 \end{bmatrix} \tag{4.4}
$$

と書けます(ただし，4 行目には1＝1という意味のない式が加わります)．行列 ${}^{i-1}\boldsymbol{T}_i$ を

$$
{}^{i-1}\boldsymbol{T}_i \triangleq \left[\begin{array}{c|c} {}^{i-1}\boldsymbol{R}_i & {}^{i-1}\boldsymbol{p}_{i-1,i} \\ \hline 0\ 0\ 0 & 1 \end{array}\right] \tag{4.5}
$$

と定義すると，式 (4.4) は

$$
{}^{i-1}\tilde{\boldsymbol{a}} = {}^{i-1}\boldsymbol{T}_i {}^{i}\tilde{\boldsymbol{a}} \tag{4.6}
$$

と，簡単に表記することができるようになります．行列 ${}^{i-1}\boldsymbol{T}_i$ は，同次変換行列と呼ばれています．同次ベクトル，同次変換行列を使うと，リンク (i) 座標系から見たベクトル ${}^{i}\boldsymbol{a}$ をリンク (0) 座標系（台座座標系）から見たベクトル ${}^{0}\boldsymbol{a}$ は

$$
{}^{0}\tilde{\boldsymbol{a}} = {}^{0}\boldsymbol{T}_1 {}^{1}\boldsymbol{T}_2 \cdots {}^{i-1}\boldsymbol{T}_i {}^{i}\tilde{\boldsymbol{a}} \tag{4.7}
$$

と簡単に書くことができます．式 (4.2) を使うよりも，ずいぶん簡単になっていることがわかります．

${}^{i-1}\boldsymbol{T}_i$ は，リンク (i) 座標系から見た点を，リンク ($i-1$) 座標系から見たものに変換する同次変換行列ですが，逆に，リンク ($i-1$) 座標系から見た点を，リンク (i) 座標系から見たものに変換する同次変換行列 ${}^{i}\boldsymbol{T}_{i-1}$ は

$$
{}^{i}\boldsymbol{T}_{i-1} = {}^{i-1}\boldsymbol{T}_i^{-1} = \left[\begin{array}{c|c} {}^{i-1}\boldsymbol{R}_i^{T} & -{}^{i-1}\boldsymbol{R}_i^{T}\,{}^{i-1}\boldsymbol{p}_{i-1,i} \\ \hline 0\ 0\ 0 & 1 \end{array}\right] \tag{4.8}
$$

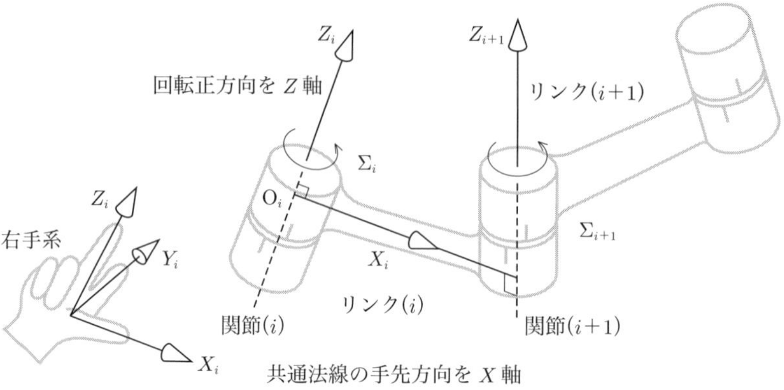

図 4.3：リンク座標系の定義

となります．${}^{i-1}\boldsymbol{T}_i{}^i\boldsymbol{T}_{i-1} = \boldsymbol{I}_4$（$4 \times 4$ の単位行列）となるのを確認することで，確かに ${}^{i-1}\boldsymbol{T}_i$ の逆行列であることが示せます．

4.2 リンク座標系の定義とリンクパラメータ

ここまでの議論は，リンク（i）座標系 Σ_i が，リンク（i）に固定されている座標系である限り，どんな座標系であっても構いません．しかし，リンク座標系の設定方法が人によってまちまちだと，同次変換行列が，それによって異なる行列となり，計算途中での確認などで混乱が生じる可能性があります．このような混乱を避けるために，一定のルールにしたがってリンク座標系を定める方法が一般的に使われています．ここでは，もっとも有名なルール，DH 記法（Denavit–Hartenberg 記法）について説明します．

図 4.3 に，DH 記法にしたがったリンク座標系の定義を示します．関節（i）が回転関節の場合にはその回転軸を，直動関節の場合には直動の方向を Z_i 軸とします．回転軸の場合は，正回転方向（モータに正電圧をかけたときに回る方に，右ねじを回すと進む方向）を，Z_i 軸の正方向とします．直動関節の場合は，正電圧を加えたときに進む方向を Z_i 軸の正方向とします．正回転・正方向がわからない場合には，どちらにとっても構いません．Z_i 軸が決まったら，Z_{i+1} 軸との共通法線を描き，Z_i 軸から Z_{i+1} 軸に向かう方向を正方向として，X_i 軸を決めます．共通法線を複数引くことのできる場合には，X_{i-1} 軸を通るように原点 O_i を決めると，このあとの計算が簡単になります．あとは，この X_i 軸，Z_i 軸と右手系となるように Y_i 軸を決めれば，Σ_i を

決めることができます．このリンク（i）座標系 Σ_i は，リンク（i）に固定されていて，関節（i）を動かすと，リンクと一緒に回転することに注意してください．

次に，設定した座標系間の関係を，四つのパラメータで記述する方法を紹介します．これらは，リンクパラメータと呼ばれます．**図 4.4** に，リンク座標系 Σ_i と，リンク座標系 Σ_{i+1} の関係を示します．リンク座標系 Σ_i の X_i 軸は，Z_i 軸と Z_{i+1} 軸の共通法線でした．したがって，リンク座標系 Σ_i を X_i 軸方向に動かすと，Σ_i の原点を Z_{i+1} 軸上に移動することができます．この移動量を a_i とします．移動後の座標系を，今移動してきた共通法線 X_i 軸回りに回転すると，Z_i 軸と Z_{i+1} 軸を同じ方向にすることができます．この回転量を α_i とします．さらに移動後の座標系を，移動後の Z 軸，つまり Z_{i+1} 軸方向に移動すると，移動後の座標系の原点と，座標系 Σ_{i+1} の原点を一致させることができます．この移動量を d_{i+1} とします．移動後の座標系と座標系 Σ_{i+1} は，Z_{i+1} 軸回りに回転すると，完全に一致させることができます．この回転量を θ_{i+1} とします．まとめると，

① X_i 軸方向に，a_i 平行移動

② X_i 軸回りに，α_i 回転

③ 移動後の Z 軸方向，つまり Z_{i+1} 軸方向に d_{i+1} 移動

④ 移動後の Z 軸方向，つまり Z_{i+1} 軸回りに θ_{i+1} 回転

によって，リンク座標系 Σ_i を，リンク座標系 Σ_{i+1} へと移動することができます．この四つの量 a_i，α_i，d_{i+1}，θ_{i+1} をリンクパラメータと呼びます．関節 $(i+1)$ が回転

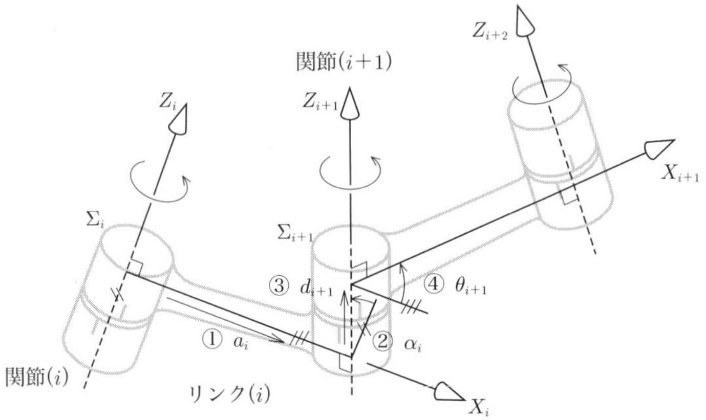

図 4.4：リンクパラメータの定義

関節である場合，θ_{i+1} はモータの回転角の影響をうけるので変数，それ以外は定数となります．一方，直動関節の場合には，d_{i+1} のみが変数，それ以外が定数となることに気を付けてください．

この移動を反映する同次変換は，それぞれ

$$X_i \text{ 軸方向に，} a_i \text{ 平行移動：} \quad \begin{bmatrix} 1 & 0 & 0 & a_i \\ 0 & 1 & 0 & 0 \\ 0 & 0 & 1 & 0 \\ 0 & 0 & 0 & 1 \end{bmatrix}$$

$$X_i \text{ 軸回りに，} \alpha_i \text{ 回転：} \quad \begin{bmatrix} 1 & 0 & 0 & 0 \\ 0 & \cos\alpha_i & -\sin\alpha_i & 0 \\ 0 & \sin\alpha_i & \cos\alpha_i & 0 \\ 0 & 0 & 0 & 1 \end{bmatrix}$$

$$Z_{i+1} \text{ 軸方向に } d_{i+1} \text{ 移動：} \quad \begin{bmatrix} 1 & 0 & 0 & 0 \\ 0 & 1 & 0 & 0 \\ 0 & 0 & 1 & d_{i+1} \\ 0 & 0 & 0 & 1 \end{bmatrix}$$

$$Z_{i+1} \text{ 軸回りに } \theta_{i+1} \text{ 回転：} \quad \begin{bmatrix} \cos\theta_{i+1} & -\sin\theta_{i+1} & 0 & 0 \\ \sin\theta_{i+1} & \cos\theta_{i+1} & 0 & 0 \\ 0 & 0 & 1 & 0 \\ 0 & 0 & 0 & 1 \end{bmatrix}$$

となります．ここで，リンク座標系 Σ_{i+1} から見たベクトル ${}^{i+1}\tilde{\boldsymbol{a}}$ を考えましょう．このベクトルを，上の操作をたどることで

$${}^{i}\tilde{\boldsymbol{a}} = {}^{i}\boldsymbol{T}_{i+1}{}^{i+1}\tilde{\boldsymbol{a}} \tag{4.9}$$

と求めることができます．ここで

$${}^{i}\boldsymbol{T}_{i+1} = \begin{bmatrix} 1 & 0 & 0 & a_i \\ 0 & 1 & 0 & 0 \\ 0 & 0 & 1 & 0 \\ 0 & 0 & 0 & 1 \end{bmatrix} \begin{bmatrix} 1 & 0 & 0 & 0 \\ 0 & \cos\alpha_i & -\sin\alpha_i & 0 \\ 0 & \sin\alpha_i & \cos\alpha_i & 0 \\ 0 & 0 & 0 & 1 \end{bmatrix} \begin{bmatrix} 1 & 0 & 0 & 0 \\ 0 & 1 & 0 & 0 \\ 0 & 0 & 1 & d_{i+1} \\ 0 & 0 & 0 & 1 \end{bmatrix} \begin{bmatrix} \cos\theta_{i+1} & -\sin\theta_{i+1} & 0 & 0 \\ \sin\theta_{i+1} & \cos\theta_{i+1} & 0 & 0 \\ 0 & 0 & 1 & 0 \\ 0 & 0 & 0 & 1 \end{bmatrix} \tag{4.10}$$

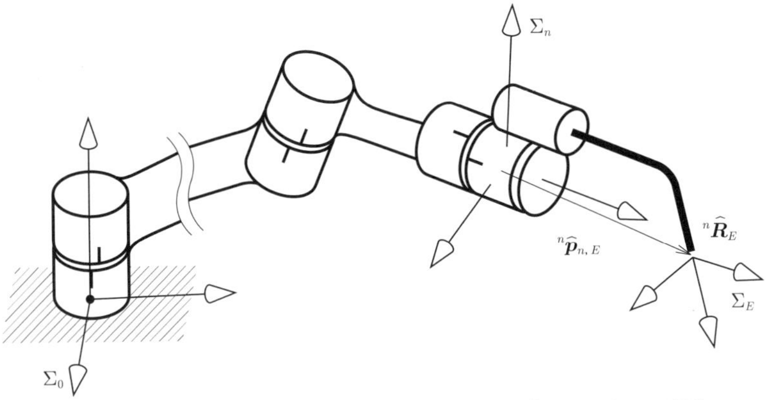

図 4.5： 先端の効果器の座標系の原点 ${}^0\boldsymbol{p}_E$ と姿勢 ${}^0\boldsymbol{R}_E$ を求める運動学問題

です．

n 自由度ロボットの先端に，効果器（**図 4.5** に示されているのは，ロボット溶接用のトーチ）がついているときに，台座座標系に対する効果器座標系 Σ_E の原点の位置 ${}^0\boldsymbol{p}_E$ と姿勢 ${}^0\boldsymbol{R}_E$ を求める運動学問題を考えましょう．リンク（n）座標系までの同次変換は

$$
{}^0\boldsymbol{T}_n = \left[\begin{array}{c|c} {}^0\boldsymbol{R}_n & {}^0\boldsymbol{p}_n \\ \hline 0\ 0\ 0 & 1 \end{array}\right] = {}^0\boldsymbol{T}_1 {}^1\boldsymbol{T}_2 \cdots {}^{n-1}\boldsymbol{T}_n \tag{4.11}
$$

と求めることができるので，効果器原点の位置ベクトルは

$$
{}^0\boldsymbol{p}_E = {}^0\boldsymbol{p}_n + {}^0\boldsymbol{R}_n {}^n\hat{\boldsymbol{p}}_{n,E} \tag{4.12}
$$

効果器座標系の姿勢行列は

$$
{}^0\boldsymbol{R}_E = {}^0\boldsymbol{R}_n {}^n\hat{\boldsymbol{R}}_E \tag{4.13}
$$

と求められます．ここで，${}^n\hat{\boldsymbol{p}}_{n,E}$，${}^n\hat{\boldsymbol{R}}_E$ は，リンク（n）座標系から見た効果器座標系の位置ベクトルと，姿勢行列であり，効果器がリンク（n）に固定されている場合には定数となるため，ハット $\hat{}$ がついています．

4.3 垂直型 3 自由度ロボットの順運動学

例として，垂直型 3 自由度ロボット（**図 4.6**）について考えてみましょう．図 4.6 左のよ

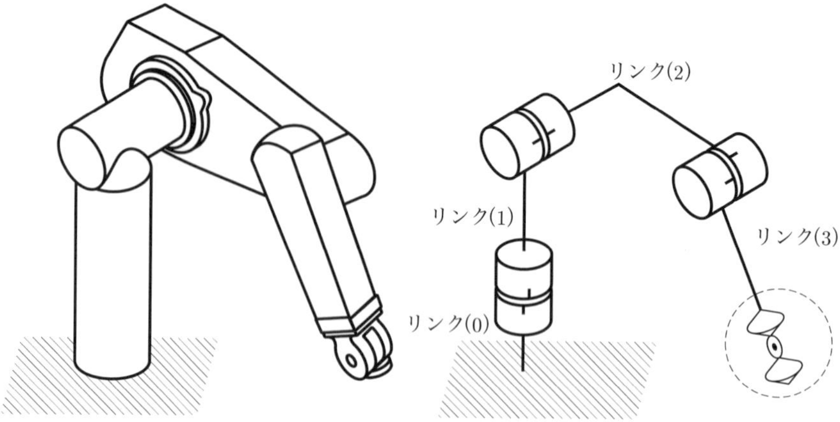

図 4.6：PUMA 型ロボットの関節とリンク．右図点線部は，いわゆる手首部であり，この説での説明では取り扱わず次節に説明を回します．ここでは，リンク（3）までをロボットとして考えて，運動学問題を解きます．

うな 6 自由度ロボットを，PUMA（Programmable Universal Machine for Assembly）型ロボットと呼びます．図 4.6 右は，各モータのゼロ点，つまりモータの変位が 0 の関節の位置に気を付けて，簡略化して描いたものです．図からわかるように，PUMA 型ロボットは，3 自由度の腕部と，3 自由度の手首部から構成されます．まずは，簡単な例として，手首部を除いた 3 自由度ロボットとして，そのロボットの運動学問題について考えてみましょう．

図 4.7 を見ながら，各関節に，前節の原則にしたがってリンク座標系の軸を設定していきます．まず，すべての関節について Z 軸を決めます．Z 軸はモータの正回転方向とする，というのが原則ですので，Z_1 軸は，モータ 1 の正回転方向である鉛直上方，Z_2 軸は，モータ 2 の正回転方向である水平（図では手前方向）方向とし，さらに Z_3 軸を決めることができます．X_1 軸は，Z_1 軸，Z_2 軸の共通法線として，決めることができます．これによって，原点 O_1 も決まります．リンク（0）座標系 Σ_0 は，関節（1）の回転変位が 0 のときに，リンク（1）座標系 Σ_1 と一致するように，地面に固定します．一方で，リンク（1）座標系は，リンク（1）に固定されているので，関節（1）が回転すると，リンク（1）とともに回転することに注意してください．

X_2 軸は，Z_2 軸，Z_3 軸の共通法線です．この二つの軸は平行なので，X_2 軸のとりかたには任意性が残ります．ここでは，実際のリンクに沿って X_2 軸を設定することにしましょう（図 4.7 右）．これで，リンク（2）座標系 Σ_2 の原点 O_2 も決まりました．

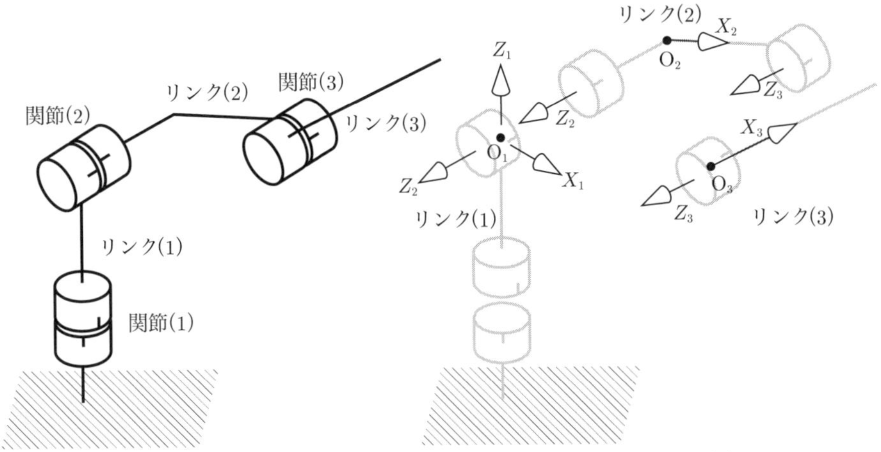

図 4.7：垂直型 3 自由度ロボットの関節とリンク座標系．リンク (3) までのアーム部について，関節とリンクの番号を示したもの（左）と，これにリンク座標系を張り付けたもの（右）を示しています．この図は，各関節が「正方向」に回転したときの状態だと考えてください．

ここでは，リンク (3) より先は考えないので，X_3 軸は，関節 (3) の変位が 0 のときに，X_2 軸と一致するように決めることとし，X_2 軸と同じように，リンクに沿って設定することにします．

リンク座標系が決まったので，設定された座標系にしたがって，リンクパラメータを確認していきましょう．まずは，リンク (0) 座標系からリンク (1) 座標系への変換に関するリンクパラメータです（**図 4.8**（a））．X_0 軸方向の並進 a_0，X_0 軸回りの回転 α_0 はともにないので 0，Z_1 軸方向の並進 d_1 は 0 ですが，モータの回転角 θ_1 によって，Z_1 軸回りに回転します．表中では，モータの回転角によって，リンクパラメータは変化する，という意味で ( ) を付けています．これらのリンクパラメータから得られる同次変換行列 ${}^0\boldsymbol{T}_1$ は，式 (4.10) にこれらのリンクパラメータを代入することで

$$
{}^0\boldsymbol{T}_1
= \begin{bmatrix} 1 & 0 & 0 & 0 \\ 0 & 1 & 0 & 0 \\ 0 & 0 & 1 & 0 \\ 0 & 0 & 0 & 1 \end{bmatrix}
\begin{bmatrix} 1 & 0 & 0 & 0 \\ 0 & 1 & 0 & 0 \\ 0 & 0 & 1 & 0 \\ 0 & 0 & 0 & 1 \end{bmatrix}
\begin{bmatrix} 1 & 0 & 0 & 0 \\ 0 & 1 & 0 & 0 \\ 0 & 0 & 1 & 0 \\ 0 & 0 & 0 & 1 \end{bmatrix}
\begin{bmatrix} C_1 & -S_1 & 0 & 0 \\ S_1 & C_1 & 0 & 0 \\ 0 & 0 & 1 & 0 \\ 0 & 0 & 0 & 1 \end{bmatrix}
$$

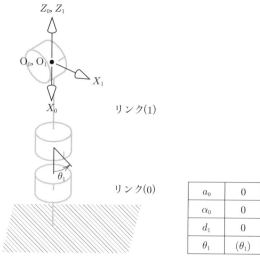

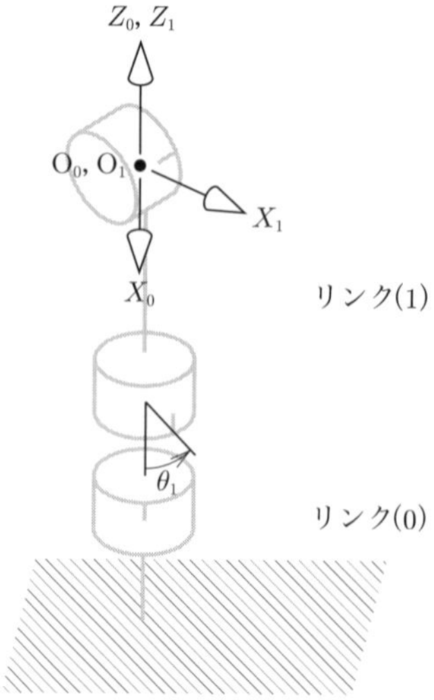

a_0	0
α_0	0
d_1	0
θ_1	(θ_1)

（a）　リンク(0)–リンク(1)のリンクパラメータ

図 4.8： 垂直型 3 自由度ロボットの各リンクについてのリンク座標系とリンクパラメータ．

$$= \begin{bmatrix} C_1 & -S_1 & 0 & 0 \\ S_1 & C_1 & 0 & 0 \\ 0 & 0 & 1 & 0 \\ 0 & 0 & 0 & 1 \end{bmatrix} \tag{4.14}$$

となります．

次に，リンク（1）座標系からリンク（2）座標系への変換に関するリンクパラメータです（図 4.8（b））．X_1 軸方向の並進 a_1 は 0 です．Z_1 軸と Z_2 軸の方向は $\pi/2$ 回転しているので，X_1 軸回りの回転は $\alpha_1 = \pi/2$ となります．また，原点 O_1 と原点 O_2 の間には，d_2 の距離がありますが，O_1 から O_2 に向かう方向は，Z_2 軸から見るとマイナス方向ですので，リンクパラメータは $-d_2$（d_2 を正としています）となります．モータ 2 の回転角は，θ_2 ですので，リンクパラメータは，(θ_2) となります．これらのリンクパラメータから得られる同次変換行列 ${}^1\boldsymbol{T}_2$ は，式 (4.10) にこれらのリンクパラメータを代入することで

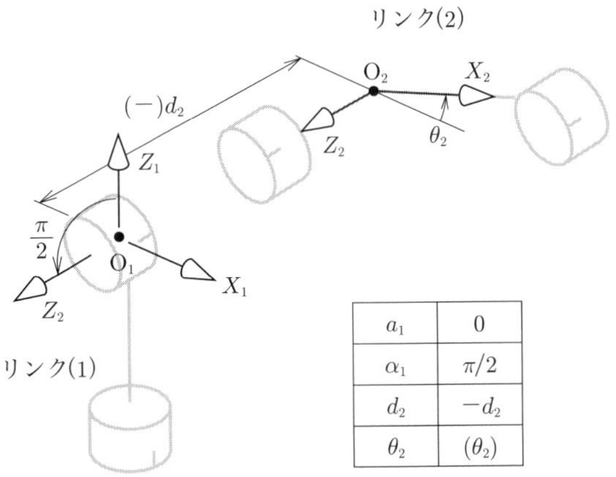

a_1	0
α_1	$\pi/2$
d_2	$-d_2$
θ_2	(θ_2)

（b）　リンク(1)−リンク(2)のリンクパラメータ

図 4.8：垂直型 3 自由度ロボットの各リンクについてのリンク座標系とリンクパラメータ．

$$
\begin{aligned}
{}^{1}\boldsymbol{T}_2
&= \begin{bmatrix} 1 & 0 & 0 & 0 \\ 0 & 1 & 0 & 0 \\ 0 & 0 & 1 & 0 \\ 0 & 0 & 0 & 1 \end{bmatrix}
\begin{bmatrix} 1 & 0 & 0 & 0 \\ 0 & 0 & -1 & 0 \\ 0 & 1 & 0 & 0 \\ 0 & 0 & 0 & 1 \end{bmatrix}
\begin{bmatrix} 1 & 0 & 0 & 0 \\ 0 & 1 & 0 & 0 \\ 0 & 0 & 1 & -d_2 \\ 0 & 0 & 0 & 1 \end{bmatrix}
\begin{bmatrix} C_2 & -S_2 & 0 & 0 \\ S_2 & C_2 & 0 & 0 \\ 0 & 0 & 1 & 0 \\ 0 & 0 & 0 & 1 \end{bmatrix} \\
&= \begin{bmatrix} C_2 & -S_2 & 0 & 0 \\ 0 & 0 & -1 & d_2 \\ S_2 & C_2 & 0 & 0 \\ 0 & 0 & 0 & 1 \end{bmatrix}
\end{aligned}
\tag{4.15}
$$

となります．

最後に，リンク (2) 座標系からリンク (3) 座標系への変換に関するリンクパラメータです（図 4.8（c））．X_2 軸方向の並進 a_2 は，リンク (2) の長さとなるので l_2，X_2 軸回りの回転は 0 です．O_2 と O_3 との間には，オフセット（ずれ）があります．このオフセットを d_3 とします．モータ (3) の回転角は，θ_3 ですので，リンクパラメータは，(θ_3) となります．これらのリンクパラメータから得られる同次変換行列 ${}^{2}\boldsymbol{T}_3$ は，式 (4.10) にこれらのリンクパラメータを代入することで

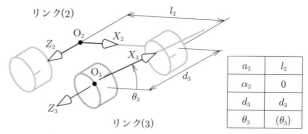

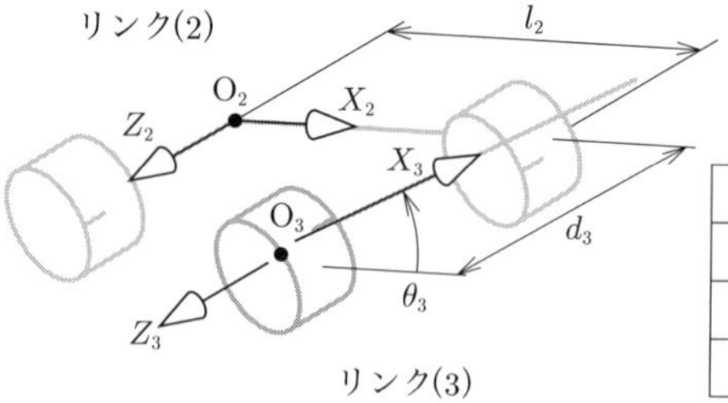

a_2	l_2
α_2	0
d_3	d_3
θ_3	(θ_3)

（c）　リンク(2)–リンク(3)のリンクパラメータ

図 4.8：垂直型 3 自由度ロボットの各リンクについてのリンク座標系とリンクパラメータ．

$$
\begin{aligned}
&{}^2\boldsymbol{T}_3 \\
&= \begin{bmatrix} 1 & 0 & 0 & l_2 \\ 0 & 1 & 0 & 0 \\ 0 & 0 & 1 & 0 \\ 0 & 0 & 0 & 1 \end{bmatrix} \begin{bmatrix} 1 & 0 & 0 & 0 \\ 0 & 1 & 0 & 0 \\ 0 & 0 & 1 & 0 \\ 0 & 0 & 0 & 1 \end{bmatrix} \begin{bmatrix} 1 & 0 & 0 & 0 \\ 0 & 1 & 0 & 0 \\ 0 & 0 & 1 & d_3 \\ 0 & 0 & 0 & 1 \end{bmatrix} \begin{bmatrix} C_3 & -S_3 & 0 & 0 \\ S_3 & C_3 & 0 & 0 \\ 0 & 0 & 1 & 0 \\ 0 & 0 & 0 & 1 \end{bmatrix} \\
&= \begin{bmatrix} C_3 & -S_3 & 0 & l_2 \\ S_3 & C_3 & 0 & 0 \\ 0 & 0 & 1 & d_3 \\ 0 & 0 & 0 & 1 \end{bmatrix} \qquad (4.16)
\end{aligned}
$$

となります．

これらの同次変換行列の積によって，${}^0\boldsymbol{T}_3 = {}^0\boldsymbol{T}_1{}^1\boldsymbol{T}_2{}^2\boldsymbol{T}_3$ となります．一方，ロボットの手先ベクトルは，リンク（3）座標系から見ると一定ベクトルですので，これを $[l_3 \quad 0 \quad 0]^T$ とすると，この手先ベクトルを台座座標系 Σ_0 から見た位置は

$$
\begin{aligned}
&{}^0\boldsymbol{T}_3 \begin{bmatrix} l_3 \\ 0 \\ 0 \\ 1 \end{bmatrix} \\
&= \begin{bmatrix} C_1 & -S_1 & 0 & 0 \\ S_1 & C_1 & 0 & 0 \\ 0 & 0 & 1 & 0 \\ 0 & 0 & 0 & 1 \end{bmatrix} \begin{bmatrix} C_2 & -S_2 & 0 & 0 \\ 0 & 0 & -1 & d_2 \\ S_2 & C_2 & 0 & 0 \\ 0 & 0 & 0 & 1 \end{bmatrix} \begin{bmatrix} C_3 & -S_3 & 0 & l_2 \\ S_3 & C_3 & 0 & 0 \\ 0 & 0 & 1 & d_3 \\ 0 & 0 & 0 & 1 \end{bmatrix} \begin{bmatrix} l_3 \\ 0 \\ 0 \\ 1 \end{bmatrix} \\
&\qquad (4.17)
\end{aligned}
$$

となります．これを計算すると

$$
{}^{0}\boldsymbol{T}_3 \begin{bmatrix} l_3 \\ 0 \\ 0 \\ 1 \end{bmatrix} = \begin{bmatrix} C_1(l_2C_2 + l_3C_{23}) - (d_2 - d_3)S_1 \\ S_1(l_2C_2 + l_3C_{23}) + (d_2 - d_3)C_1 \\ l_2S_2 + l_3S_{23} \\ 1 \end{bmatrix} \tag{4.18}
$$

となります．オフセット d_2，d_3 について，$d_2 - d_3 = 0$ のとき，1.3 節の垂直型 3 自由度ロボットと同じ式になります．

4.2 節で述べたように，リンク座標系は，そのリンクに固定されている限り，どのような座標系を選んでも構いません．DH 記法では，各リンク座標系を Z 軸方向に移動しても，リンクパラメータの設定方法が変わりません．**図 4.9** は，このような特徴を活かし，Z 軸方向に各リンク座標系を動かすことで，リンクパラメータをできるだけ 0 にした例です．このリンクパラメータに沿って同次変換行列を求めると

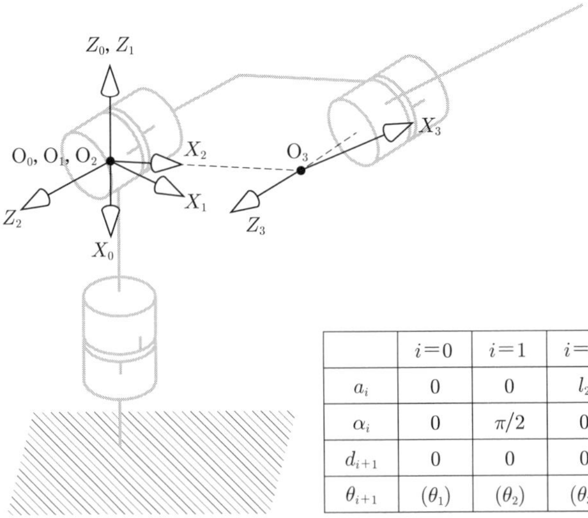

	i=0	i=1	i=2
a_i	0	0	l_2
α_i	0	$\pi/2$	0
d_{i+1}	0	0	0
θ_{i+1}	(θ_1)	(θ_2)	(θ_3)

図 4.9：垂直型 3 自由度ロボットのリンク座標系．リンク座標系は，各 Z 軸方向に平行移動してもよい，という性質を使って，できるだけリンクパラメータに 0 が多くなるように，リンク座標系を設定しています．

$$
{}^0\boldsymbol{T}_3 = \begin{bmatrix} C_1 & -S_1 & 0 & 0 \\ S_1 & C_1 & 0 & 0 \\ 0 & 0 & 1 & 0 \\ 0 & 0 & 0 & 1 \end{bmatrix} \begin{bmatrix} C_2 & -S_2 & 0 & 0 \\ 0 & 0 & -1 & 0 \\ S_2 & C_2 & 0 & 0 \\ 0 & 0 & 0 & 1 \end{bmatrix} \begin{bmatrix} C_3 & -S_3 & 0 & l_2 \\ S_3 & C_3 & 0 & 0 \\ 0 & 0 & 1 & 0 \\ 0 & 0 & 0 & 1 \end{bmatrix} \tag{4.19}
$$

となります．ここでは，d_2，d_3 などの変数が出てこないことに注目してください．このロボットの手先は，リンク (3) 座標系から見ると $\begin{bmatrix} l_3 & 0 & d_3 - d_2 \end{bmatrix}^T$ となるので，手先位置は

$$
{}^0\boldsymbol{T}_3 \begin{bmatrix} l_3 \\ 0 \\ d_3 - d_2 \\ 1 \end{bmatrix} = \begin{bmatrix} C_1(l_2C_2 + l_3C_{23}) - (d_2 - d_3)S_1 \\ S_1(l_2C_2 + l_3C_{23}) + (d_2 - d_3)C_1 \\ l_2S_2 + l_3S_{23} \\ 1 \end{bmatrix} \tag{4.20}
$$

となり，先の結果と一致します．違うリンク座標系を設定しても，最後に得られる運動学問題の答えは同じになることがわかります．

4.4 垂直型 6 自由度ロボットの順運動学

次に，手首 3 自由度を含めた 6 自由度ロボットして，PUMA 型ロボットの順運動学問題を解いてみましょう．前節では，リンク (0) からリンク (3) 座標系まで設定しましたが，リンク (3) 座標系 Σ_3 については，リンク (4) がなかったので，X_3 軸を計算が楽なように適当に選びました．ここでは，手首までを考慮するので，Σ_4 以降についても，DH 記法にならって，リンク座標系を設定し，リンクパラメータを求めます．リンク座標系は，**図 4.10** のように設定できるので，このときのリンクパラメータは

	$0 \to 1$	$1 \to 2$	$2 \to 3$	$3 \to 4$	$4 \to 5$	$5 \to 6$
a_i	0	0	l_2	0	0	0
α_i	0	$\frac{\pi}{2}$	0	$\frac{\pi}{2}$	$-\frac{\pi}{2}$	$\frac{\pi}{2}$
d_{i+1}	0	0	0	l_3	0	0
θ_{i+1}	(θ_1)	(θ_2)	$(\theta_3)+\frac{\pi}{2}$	(θ_4)	(θ_5)	(θ_6)

となります．リンク (3) 座標系の X_3 軸が $\pi/2$ 回転しているので，その分加算されていることに注意してください．このリンクパラメータにしたがって，同次変換行列は

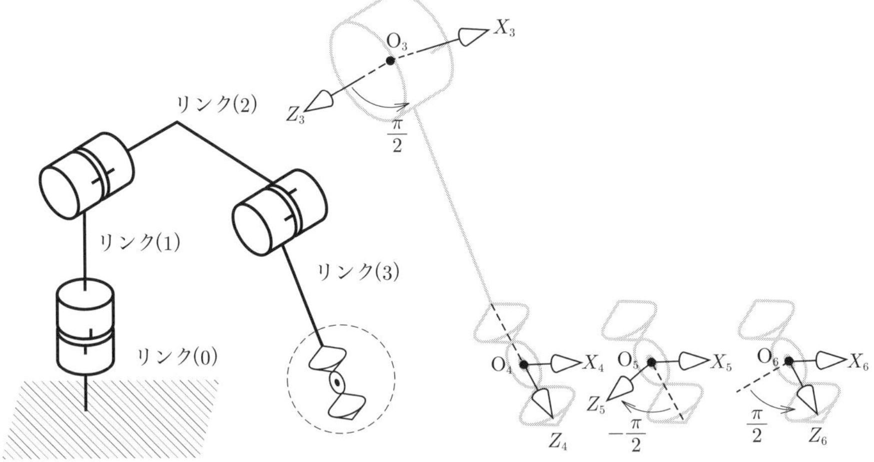

図 4.10： PUMA 型 6 自由度ロボットの手首部のリンク座標系．リンク (3) 座標系の X_3 軸の方向が，前節の例と違うことに注意してください．

$$
{}^{0}\boldsymbol{T}_1 = \begin{bmatrix} C_1 & -S_1 & 0 & 0 \\ S_1 & C_1 & 0 & 0 \\ 0 & 0 & 1 & 0 \\ 0 & 0 & 0 & 1 \end{bmatrix} \tag{4.21}
$$

$$
{}^{1}\boldsymbol{T}_2 = \begin{bmatrix} C_2 & -S_2 & 0 & 0 \\ 0 & 0 & -1 & 0 \\ S_2 & C_2 & 0 & 0 \\ 0 & 0 & 0 & 1 \end{bmatrix} \tag{4.22}
$$

$$
{}^{2}\boldsymbol{T}_3 = \begin{bmatrix} -S_3 & -C_3 & 0 & l_2 \\ C_3 & -S_3 & 0 & 0 \\ 0 & 0 & 1 & 0 \\ 0 & 0 & 0 & 1 \end{bmatrix} \tag{4.23}
$$

$$
{}^{3}\boldsymbol{T}_4 = \begin{bmatrix} C_4 & -S_4 & 0 & 0 \\ 0 & 0 & -1 & -l_3 \\ S_4 & C_4 & 0 & 0 \\ 0 & 0 & 0 & 1 \end{bmatrix} \tag{4.24}
$$

$$
{}^{4}\boldsymbol{T}_5 = \begin{bmatrix} C_5 & -S_5 & 0 & 0 \\ 0 & 0 & 1 & 0 \\ -S_5 & -C_5 & 0 & 0 \\ 0 & 0 & 0 & 1 \end{bmatrix} \tag{4.25}
$$

$$
{}^{5}\boldsymbol{T}_6 = \begin{bmatrix} C_6 & -S_6 & 0 & 0 \\ 0 & 0 & -1 & 0 \\ S_6 & C_6 & 0 & 0 \\ 0 & 0 & 0 & 1 \end{bmatrix} \tag{4.26}
$$

と求めることができます．同次変換行列 ${}^{0}\boldsymbol{T}_6$ は

$$
{}^{0}\boldsymbol{T}_6 = {}^{0}\boldsymbol{T}_1 {}^{1}\boldsymbol{T}_2 \cdots {}^{5}\boldsymbol{T}_6 = \begin{bmatrix} R_{11} & R_{12} & R_{13} & p_x \\ R_{21} & R_{22} & R_{23} & p_y \\ R_{31} & R_{32} & R_{33} & p_z \\ 0 & 0 & 0 & 1 \end{bmatrix} \tag{4.27}
$$

ただし

$$p_x = C_1(l_2C_2 + l_3C_{23}) \tag{4.28}$$

$$p_y = S_1(l_2C_2 + l_3C_{23}) \tag{4.29}$$

$$p_z = l_2S_2 + l_3S_{23} \tag{4.30}$$

$$R_{11} = -C_1S_{23}(C_4C_5C_6 - S_4S_6) - C_1C_{23}S_5C_6 + S_1(S_4C_5C_6 + C_4S_6) \tag{4.31}$$

$$R_{12} = C_1S_{23}(C_4C_5S_6 + S_4C_6) + C_1C_{23}S_5S_6 + S_1(-S_4C_5S_6 + C_4C_6) \tag{4.32}$$

$$R_{13} = -C_1S_{23}C_4S_5 + C_1C_{23}C_5 + S_1S_4S_5 \tag{4.33}$$

$$R_{21} = -S_1S_{23}(C_4C_5C_6 - S_4S_6) - S_1C_{23}S_5C_6 - C_1(S_4C_5C_6 + C_4S_6) \tag{4.34}$$

$$R_{22} = S_1S_{23}(C_4C_5S_6 + S_4C_6) + S_1C_{23}S_5S_6 + C_1(S_4C_5S_6 - C_4C_6) \tag{4.35}$$

$$R_{23} = -S_1S_{23}C_4S_5 + S_1C_{23}C_5 - C_1S_4S_5 \tag{4.36}$$

$$R_{31} = C_{23}(C_4C_5C_6 - S_4S_6) - S_{23}S_5C_6 \tag{4.37}$$

$$R_{32} = -C_{23}(C_4C_5S_6 + S_4C_6) + S_{23}S_5S_6 \tag{4.38}$$

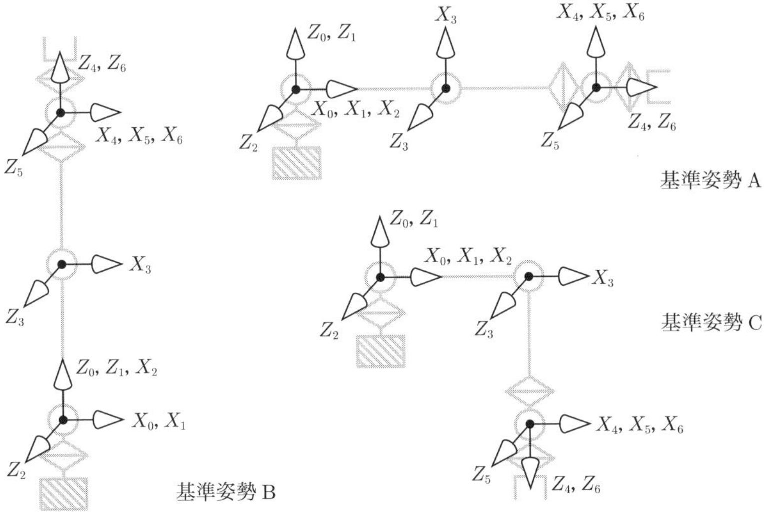

図 4.11：PUMA 型 6 自由度ロボットのさまざまな基準姿勢と，それに対応するリンク座標系

$$R_{33} = C_{23}C_4S_5 + S_{23}C_5 \tag{4.39}$$

となります．

最後に基準姿勢について考えましょう（**図 4.11**）．基準姿勢とは，すべての関節の変位を 0 としたときの姿勢です．関節変位が 0 となる場所は，設計によって変更することができますが，それによって，設定されるリンク座標系が変わることには注意が必要です．前節での例では，図 4.11 の基準姿勢 A を基にリンク座標系を設定しましたが，基準姿勢 B，基準姿勢 C のように，関節変位の 0 点を変更すると，設定されるリンク座標系は変化します．例えば基準姿勢 A では，$2 \to 3$ へのリンクパラメータの Z_3 軸回りの回転が $\theta_3 + \pi/2$ であったものを，基準姿勢 C とすることで，θ_3 とすることができます．

4.5 本章のまとめ

第 4 章，運動学の一般的表現のまとめは，以下の通りです．

（1） ロボットの各リンクに座標系を固定し，各リンク間の関係を同次変換で表現すれば，位置に関する運動学を解くことができる．

（2） リンク座標系を設定するルールとして，DH 記法がある．

（3） リンク座標系を設定する際には，変位の正方向，基準姿勢などに留意する必要がある．

5 実践・位置制御と逆運動学

ここまでで，リンク座標系を設定し，DH 記法を用いることで，さまざまなロボットについて，順運動学問題を記述することができるようになりました．本章では，これらの技術を基に，各モータが位置制御されているようなロボットを動かします．

5.1 位置制御されたモータによって駆動されるロボット

ロボットの各関節は，モータによって駆動されています．モータに対して，直接電圧を操作することはほとんどなく，たいていの場合，モータごとに制御モジュールが用意されています．例えば，**図 5.1** の場合，モータ（i）の変位 q_i は[1]，変位センサによって計測されており，外部から目標値 u_i が与えられると，それらの間の誤差にフィードバックゲインをかけたものが電圧としてモータへと与えられます．この周期が十分に短く，フィードバックゲインが十分に大きいとき，モータの変位 q_i は，瞬時に入力 u_i となると考えても構いません．

$$q_i = u_i \tag{5.1}$$

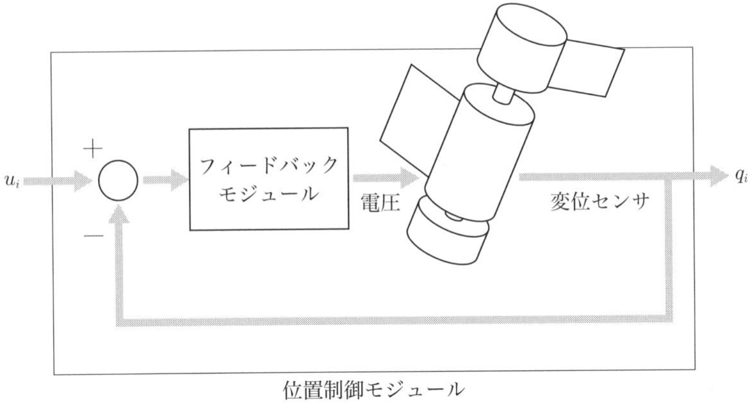

図 5.1：位置制御されたモータのモジュール

1) 図中では角度ですが，一般には並進モータも含めて議論するので，ここでは変位と表現します．

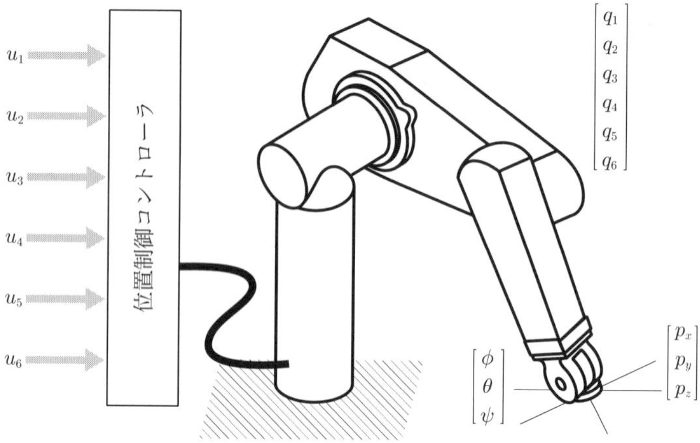

図 5.2：位置制御されたモータモジュールによるロボットの位置制御

このような局所的なフィードバックモジュールがあるとき，モータは位置制御されている，といいます．模型用のサーボモータなどでは，u_i は，電圧などの連続的な値ではなく，パルス状入力のデューティ比で与えられることもありますが，いずれの場合も，モータは指令された変位を瞬時に実現すると考えて構いません．例えば，突然大きな変位指令値が与えられると，モータは激しく動きます．また，ロボットに外から力をかけて関節を動かそうとしても，フィードバックモジュールが，指令値にとどまるように大きな出力を出すので，関節は硬くなります．

このようなフィードバックモジュールが各軸に備えられたロボットの制御は，**図 5.2** に示されるように，位置制御コントローラに，各関節に対する入力 $\boldsymbol{u} = \begin{bmatrix} u_1 \ u_2 \ \cdots \ u_n \end{bmatrix}^T$ が与えられると，瞬時に関節変位 $\boldsymbol{q} = \begin{bmatrix} q_1 & q_2 & \cdots & q_n \end{bmatrix}^T$ として実現されるようなシステムになります．ロボットのモデルとしては

$$\boldsymbol{q} = \boldsymbol{u} \tag{5.2}$$

と書けます．そして，目標の手先位置 $\begin{bmatrix} p_{xd} & p_{yd} & p_{zd} \end{bmatrix}^T$，手先姿勢 $\begin{bmatrix} \phi_d & \theta_d & \psi_d \end{bmatrix}^T$ が与えられたときには，逆運動学問題を解くことによって，それを実現することができる $\boldsymbol{q}_d$ を求め，それを $\boldsymbol{u}$ として各モジュールに指令することで，目標の動きを実現することができます．

第 1 章で示されたように，たかだか 3 つのモータで構成されるようなロボットの場合，逆運動学問題を解くことはそう難しくありません．垂直型 6 自由度ロボットなど，自由度が増えて複雑になると，逆運動学問題を一般的に解くことは難しくなります．

一方で，第 2 章で述べたように，ロボットは，アーム部と手首部に分けられるケースが多く，そのような場合には，目標値を位置と姿勢に分離することで，問題を解くことができる場合があります．本章では，垂直型 6 自由度ロボットについて，逆運動学問題を具体的に解くことで，位置制御されたモータで駆動されるロボットの運動制御の実際を見てみましょう．本章で扱うロボットは，前章の最後で順運動学を求めた PUMA 型 6 自由度ロボットです．

5.2 垂直型 6 自由度ロボット：手先一軸の制御

4.4 節で示しているように，垂直型 6 自由度ロボットの順運動学は，式 (4.28) から (4.39) として求めることができます．これらを逆に解いて，$\begin{bmatrix} q_1 & q_2 & \cdots & q_6 \end{bmatrix}^T$ が $\begin{bmatrix} p_x & p_y & p_y \end{bmatrix}^T$, ${}^0\boldsymbol{R}_6$ (あるいはロール ϕ・ピッチ θ・ヨー ψ) の関数として計算できれば問題は解決です．しかし，一般的にこのような非線形連立方程式を解くことは困難です．

本節では，ある単純な作業を想定し，実際に垂直型 6 自由度ロボットの逆運動学問題を解いてみましょう．ここでの単純な作業とは，ロボットの手先にあるエフェクタがついていて，それが常に地面方向を向いて動くようなケースです (**図 5.3**)．図の場合，ハンドの 2 本指の中心が，関節 (6) よりも d_E だけ下にあり，それを真下に向けるような作業を考えます．例えば，ロボットにペンを持たせて，そのペンが常に地面と垂直である，という状況だと思ってもらっても構いません．エンドエフェクタ座標系は

$$
{}^6\boldsymbol{p}_E = \begin{bmatrix} 0 \\ 0 \\ d_E \end{bmatrix}, \quad {}^6\boldsymbol{R}_E = \boldsymbol{I}_3 \ (3\times3\ \text{の単位行列}) \tag{5.3}
$$

です．これを使うと，Σ_0 から見たエフェクタの位置は

$$
{}^0\boldsymbol{p}_E = {}^0\boldsymbol{p}_6 + {}^0\boldsymbol{R}_6{}^6\boldsymbol{p}_E \tag{5.4}
$$

と書けます．姿勢に関しては，Z_E 軸は，鉛直下つまり Z_0 軸負方向を向き，X_E 軸が Y_0 軸に対し，Z_0 軸回りに ψ だけ回転しているとすると

$$
{}^0\boldsymbol{R}_E = \begin{bmatrix} -S_\psi & C_\psi & 0 \\ C_\psi & S_\psi & 0 \\ 0 & 0 & -1 \end{bmatrix} = {}^0\boldsymbol{R}_6 \tag{5.5}
$$

と書けます．手首回りに回転を許さない場合には，ψ を一定値に，手首回りに回転し

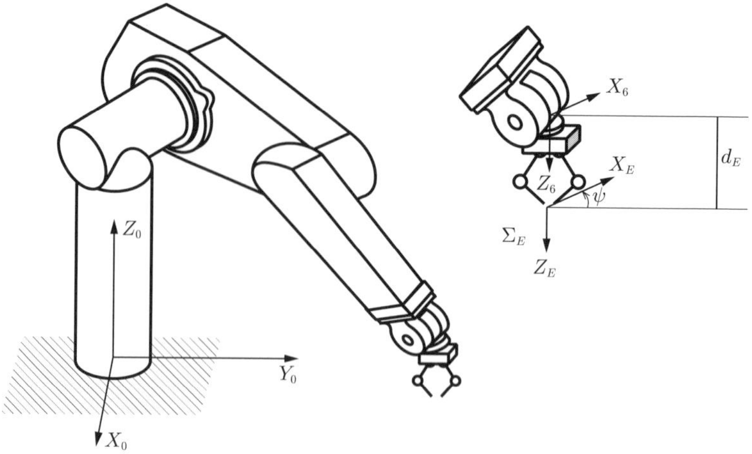

図 5.3： 垂直型 6 自由度ロボットにオフセット d_E のエンドエフェクタがついている例

てもよければ，この値のついてはどうなってもよい，とすることもできます．

式 (5.4)，(5.5) を，$\theta_1 \sim \theta_6$ について解けば，望みの手先位置・姿勢を実現する関節角度を求めることができます．方針としては，垂直型 6 自由度ロボットの手先位置 ${}^0\boldsymbol{p}_6$ には，式 (4.28)，(4.29)，(4.30) を見るとわかるように，$\theta_1 \sim \theta_3$ しか含まれていないことに注目して，これらの式から $\theta_1 \sim \theta_3$ をまず求め，これを，式 (5.5) に代入して，$\theta_4 \sim \theta_6$ を求めます．これは，前章で触れたように，まずアーム部で全体的な位置を求め，あとで手首部で微調整，という考え方と一致していることに気を付けてください．式 (5.4)，式 (5.5) より

$$
\begin{aligned}
{}^0\boldsymbol{p}_E &= {}^0\boldsymbol{p}_6 + {}^0\boldsymbol{R}_6 {}^6\boldsymbol{p}_E \\
&= {}^0\boldsymbol{p}_6 + \begin{bmatrix} -S_\psi & C_\psi & 0 \\ C_\psi & S_\psi & 0 \\ 0 & 0 & -1 \end{bmatrix} \begin{bmatrix} 0 \\ 0 \\ d_E \end{bmatrix} \\
&= {}^0\boldsymbol{p}_6 + \begin{bmatrix} 0 \\ 0 \\ -d_E \end{bmatrix}
\end{aligned} \tag{5.6}
$$

と変形できます．ここに，式 (4.28)，(4.29)，(4.30) を代入すると

$$
p_{Ex} = C_1(l_2C_2 + l_3C_{23}) \tag{5.7}
$$

$$p_{Ey} = S_1(l_2C_2 + l_3C_{23}) \tag{5.8}$$

$$p_{Ez} = l_2S_2 + l_3S_{23} - d_E \tag{5.9}$$

となります．この 3 式を θ_1〜θ_3 について解くと，これらについての逆運動学の式

$$\theta_1 = \mathrm{atan2}(p_{Ey}, p_{Ex}) \tag{5.10}$$

$$\theta_3 = \cos^{-1}\frac{{p_{Ex}}^2 + {p_{Ey}}^2 + (p_{Ez}+d_E)^2 - {l_2}^2 - {l_3}^2}{2l_2l_3} \tag{5.11}$$

$$\begin{aligned}\theta_2 = \mathrm{atan2}\Bigl(&-l_3S_3\sqrt{{p_{Ex}}^2 + {p_{Ey}}^2} + (l_2 + l_3C_3)(p_{Ez}+d_E),\\ &(l_2+l_3C_3)\sqrt{{p_{Ex}}^2 + {p_{Ey}}^2} + l_3S_3(p_{Ez}+d_E)\Bigr)\end{aligned} \tag{5.12}$$

を計算できます．これらの式は，4 つある解のうち 1 つであることに気を付けておきましょう（この展開は，1.3 節と全く同じです）．このほかにも 3 つの解が存在します．

求められた θ_1〜θ_3 を式 (5.5) に代入して，θ_4〜θ_6 を求めます．式 (5.5) より

$$^0\boldsymbol{R}_6 = {^0\boldsymbol{R}_3}{^3\boldsymbol{R}_6} = \begin{bmatrix} -S_\psi & C_\psi & 0 \\ C_\psi & S_\psi & 0 \\ 0 & 0 & -1 \end{bmatrix} \tag{5.13}$$

なので，少し変形して，求めたい変数 θ_4〜θ_6 を左辺に集めると

$$^3\boldsymbol{R}_6 = {^0\boldsymbol{R}_3}^T \begin{bmatrix} -S_\psi & C_\psi & 0 \\ C_\psi & S_\psi & 0 \\ 0 & 0 & -1 \end{bmatrix} \tag{5.14}$$

となります．ここで式 (4.21) から (4.26) を使って書き下すと

$$\begin{aligned}&\begin{bmatrix} C_4C_5C_6 - S_4S_6 & -C_4C_5S_6 - S_4C_6 & C_4S_5 \\ S_5C_6 & -S_5S_6 & -C_5 \\ S_4C_5C_6 + C_4S_6 & -S_4C_5S_6 + C_4C_6 & S_4S_5 \end{bmatrix}\\ &= \begin{bmatrix} -C_1S_{23} & -S_1S_{23} & C_{23} \\ -C_1C_{23} & -S_1C_{23} & -S_{23} \\ S_1 & -C_1 & 0 \end{bmatrix}\begin{bmatrix} -S_\psi & C_\psi & 0 \\ C_\psi & S_\psi & 0 \\ 0 & 0 & -1 \end{bmatrix}\\ &= \begin{bmatrix} S_\psi C_1S_{23} - C_\psi S_1S_{23} & -C_\psi C_1S_{23} - S_\psi S_1S_{23} & -C_{23} \\ S_\psi C_1C_{23} - C_\psi S_1C_{23} & -C_\psi C_1C_{23} - S_\psi S_1C_{23} & S_{23} \\ -S_\psi S_1 - C_\psi C_1 & -S_\psi C_1 + C_\psi S_1 & 0 \end{bmatrix}\end{aligned} \tag{5.15}$$

となります．行列の $(3,3)$ 要素の比較から

$$S_4 S_5 = 0 \tag{5.16}$$

となります．したがって，すべての解を調べたい場合には，$\theta_4 = 0, \pi$，$\theta_5 = 0, \pi$ の 4 通りを調べる必要がありますが，ここでは，$\theta_4 = 0$ の場合について，解を求めてみましょう．行列の $(1,3)$ 要素，および $(2,3)$ 要素の比較から

$$S_5 = -C_{23}$$
$$-C_5 = S_{23}$$

であることがわかります．これらの式から

$$S_5 C_{23} + C_5 S_{23} = -1$$
$$C_5 C_{23} - S_5 S_{23} = 0$$

であることがわかるので

$$\theta_2 + \theta_3 + \theta_5 = -\frac{\pi}{2} \tag{5.17}$$

となります．この結果を，式 (5.15) に代入して整理すると，θ_6 について

$$S_6 = C_\psi C_1 + S_\psi S_1$$
$$C_6 = -S_\psi C_1 + C_\psi S_1$$

という関係があることがわかります．上の変形と同様に考えると

$$\theta_1 - \theta_6 - \psi = \frac{\pi}{2} \tag{5.18}$$

となります．まとめると，この作業の逆運動学問題の解の一つは

$$\theta_1 = \mathrm{atan2}(p_{Ey}, p_{Ex})$$
$$\theta_3 = \cos^{-1} \frac{{p_{Ex}}^2 + {p_{Ey}}^2 + (p_{Ez} + d_E)^2 - {l_2}^2 - {l_3}^2}{2 l_2 l_3}$$
$$\theta_2 = \mathrm{atan2}\Big(-l_3 S_3 \sqrt{{p_{Ex}}^2 + {p_{Ey}}^2} + (l_2 + l_3 C_3)(p_{Ez} + d_E),$$
$$(l_2 + l_3 C_3)\sqrt{{p_{Ex}}^2 + {p_{Ey}}^2} + l_3 S_3 (p_{Ez} + d_E)\Big)$$
$$\theta_4 = 0$$
$$\theta_5 = -\theta_2 - \theta_3 - \frac{\pi}{2}$$

$$\theta_6 = -\psi + \theta_1 - \frac{\pi}{2}$$

となり，与えられた手先の目標軌道に対して，最初の 3 式で θ_1〜θ_3 を求め，残りの 3 式で θ_4〜θ_6 を求めればよいことになります．手先の姿勢 ψ がどうなってもいい場合には，最後の式を無視して，θ_6 を任意にとることができます．

このように，手首にオフセットのあるエンドエフェクタを，常に下方向に向けて動かすと作業を単純化すれば，垂直型 6 自由度ロボットのような複雑な機構の場合でも，逆運動学問題を解析的に解くことができます．

5.3 大まかな場所を実現するアーム部

本章で見てきたように，垂直型 6 自由度ロボットの場合には，工夫をすることで，比較的簡単に運動学問題を解くことができます．実は，6 自由度ロボットの場合，連続する 3 軸が一点で交わる場合には，ここまでの例で見てきたように，その 3 軸によっ

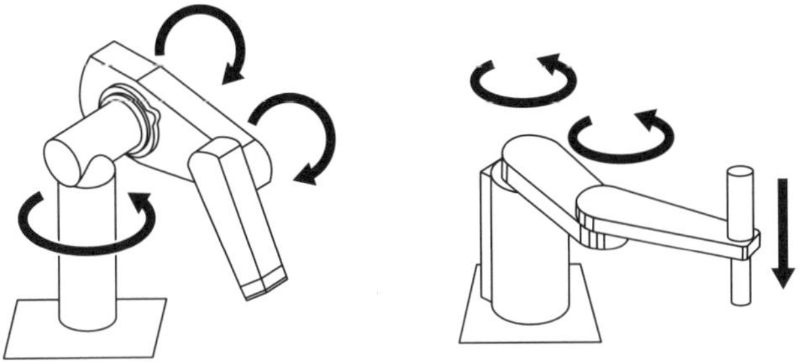

（a） 垂直型（PUMA 型）　（b） 水平型（SCARA 型）

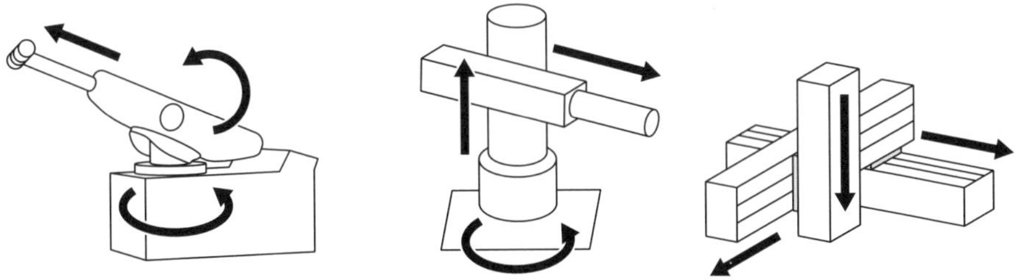

（c） 極座標型　（d） 円筒座標型　（e） 直交座標型

図 5.4：ロボットアーム部の代表的な機構

て姿勢を調整し，残りの 3 軸で位置を調整することで問題を解くことできることが知られています（ピーパーの方法と呼ばれています）．人間の腕の場合にも，手首部に直交する 3 軸があり，それを動かすひじと肩によって，大まかな位置決めができているのは，進化がこのような解法を知っていたからのような気もします．

産業用ロボットでも，多数のケースで，直交する 3 軸を持つ手首部を設計し，それを，大まかな動きを作るアーム部で動かすような設計となっています．ロボット手首でもっとも使われているのは，モータを配置しやすいという理由で，先にも紹介したような *ZYZ* の構造を持つ手首です．アーム部に関しては，垂直型 3 自由度アームのほかには，第 1 章で扱ったような平面 2 自由度アームに垂直な方向に動く直動軸を加えた水平型（SCARA 型と呼ばれます）や，極座標型，円筒座標型，直交座標型などがあります（**図 5.4**）．このようなアーム部に，直交 3 軸を持つ手首部を付けさえすれば，ピーパーの方法によって，逆運動学を解くことができます．

5.4 本章のまとめ

第 5 章，実践・位置制御と逆運動学のまとめは以下の通りです．

（1） 1 点で交わるような関節軸からなるロボットの手首がついている 6 自由度ロボットは，ピーパーの方法と呼ばれる，手首で姿勢を調整し，アーム部で大まかな位置の調整をする方法によって運動学を解くことができる．

（2） 垂直型 6 自由度ロボットの場合，手先に与えられる姿勢が垂直下方である場合は，解が比較的単純に求められる．

（3） 大体の 3 次元位置を決めるアーム部には，垂直型，水平型など代表的ないくつかの型がある．

第 II 部

ヤコビ行列と微分運動学

第 I 部では，ロボットの各モータが位置制御されている場合に，手先に目標軌道（軌跡）が与えられたとき，それをどのようにして実現するかについて，運動学問題の解法（第 1 章，第 2 章，第 4 章，第 5 章），軌道の生成法（第 3 章）に分けて解説しました．第 II 部では，サーボモータが速度制御モードとなっていたり，速度制御アンプがついた DC モータを使っていたりと，モータに速度指令値を与えることができるような状況で，ロボットの運動制御をするのに必要な知識を学びます．ここで，学習の対象となるのは，ヤコビ行列，特異姿勢，可操作性，角速度ベクトルの定義，速度に関するフィードバック制御，冗長性，仮想仕事の原理と準静的力制御です．

6 ヤコビ行列

6.1 ヤコビ行列の定義

ロボット制御におけるヤコビ行列とは，関節速度と作業座標系での手先位置・姿勢 $\boldsymbol{r}$ の微分との関係を表す行列です．まずは一般的に，n 自由度ロボット，つまり，直動，回転にかかわらず n 個のモータを持つロボットについて考えます．すべてのモータの変位を集めたベクトルを $\boldsymbol{q}$（n 次元ベクトル）とします．作業座標系で，このロボットの手先位置・姿勢 $\boldsymbol{r}$（m 次元ベクトル）は[1)]，関節変位ベクトル $\boldsymbol{q}$ の関数として

$$\boldsymbol{r} = \boldsymbol{f}_r(\boldsymbol{q}) \tag{6.1}$$

と書けます．ここでは，手先の姿勢としては，ロール・ピッチ・ヨー角や ZYZ–オイラー角などを考えます．

式 (6.1) の時間微分は，右辺が合成関数の微分になるので

$$\begin{aligned}\dot{\boldsymbol{r}} &= \frac{\partial \boldsymbol{f}_r}{\partial q_1}\dot{q}_1 + \frac{\partial \boldsymbol{f}_r}{\partial q_2}\dot{q}_2 \cdots + \frac{\partial \boldsymbol{f}_r}{\partial q_n}\dot{q}_n \\ &= \begin{bmatrix} \dfrac{\partial \boldsymbol{f}_r}{\partial q_1} & \dfrac{\partial \boldsymbol{f}_r}{\partial q_2} & \cdots & \dfrac{\partial \boldsymbol{f}_r}{\partial q_n} \end{bmatrix} \dot{\boldsymbol{q}}\end{aligned} \tag{6.2}$$

となります．ここで，行列 $\boldsymbol{J}_r$（$m \times n$ 行列）を

$$\boldsymbol{J}_r(\boldsymbol{q}) = \begin{bmatrix} \dfrac{\partial \boldsymbol{f}_r}{\partial q_1} & \dfrac{\partial \boldsymbol{f}_r}{\partial q_2} & \cdots & \dfrac{\partial \boldsymbol{f}_r}{\partial q_n} \end{bmatrix} \tag{6.3}$$

と定義し，ヤコビ行列と呼びます．ヤコビ行列を使うと

$$\dot{\boldsymbol{r}} = \boldsymbol{J}_r(\boldsymbol{q})\dot{\boldsymbol{q}} \tag{6.4}$$

となります．この式は，各関節変位の時間微分がわかっているとき，これらをヤコビ行列にかけると，手先の位置・姿勢の速度を求めることができることを示しています．関節変位から手先の位置・姿勢を求めるという意味で，この式も順運動学と呼ばれますが，位置に関する順運動学と区別するために，速度に関する順運動学，あるいは微分順運動学と呼ばれることがあります．ロボットの自由度が少なく，位置に関する順運動学問題の解が解析的に求められているいくつかの例について，実際にヤコビ行列

1) この教科書では，位置のみを表すときには p，位置に加えて姿勢も表すときには r という記号を使います．関節変位についても，関節角度のみを扱う場合は θ，関節変位に直動も含む一般の場合には q と書きます．

を求めてみましょう．

6.2 解析的な微分によるヤコビ行列の導出

図 1.1 に描かれているような平面 2 自由度ロボットの，関節角度と手先の位置の関係は

$$p_x = l_1 C_1 + l_2 C_{12}$$

$$p_y = l_1 S_1 + l_2 S_{12}$$

でした．この式の両辺を時間微分してベクトルの形にまとめると

$$\begin{bmatrix} \dot{p}_x \\ \dot{p}_y \end{bmatrix} = \begin{bmatrix} -l_1 S_1 - l_2 S_{12} & -l_2 S_{12} \\ l_1 C_1 + l_2 C_{12} & l_2 C_{12} \end{bmatrix} \begin{bmatrix} \dot{\theta}_1 \\ \dot{\theta}_2 \end{bmatrix} \tag{6.5}$$

となります．ここで

$$\boldsymbol{J}_r = \begin{bmatrix} -l_1 S_1 - l_2 S_{12} & -l_2 S_{12} \\ l_1 C_1 + l_2 C_{12} & l_2 C_{12} \end{bmatrix} \tag{6.6}$$

がヤコビ行列です．

図 1.6 に描かれている簡単な脚ロボットの場合，足先の座標と関節角度の関係は

$$p_x = l_1 S_1 + l_2 S_{12}$$

$$p_z = -l_1 C_1 - l_2 C_{12}$$

$$\phi_y = -\theta_1 - \theta_2 - \theta_3$$

でした．これらを時間微分すると

$$\begin{bmatrix} \dot{p}_x \\ \dot{p}_z \\ \dot{\phi}_y \end{bmatrix} = \begin{bmatrix} l_1 C_1 + l_2 C_{12} & l_2 C_{12} & 0 \\ l_1 S_1 + l_2 S_{12} & l_2 S_{12} & 0 \\ -1 & -1 & -1 \end{bmatrix} \begin{bmatrix} \dot{\theta}_1 \\ \dot{\theta}_2 \\ \dot{\theta}_3 \end{bmatrix} \tag{6.7}$$

となります．ヤコビ行列は

$$\boldsymbol{J}_r = \begin{bmatrix} l_1 C_1 + l_2 C_{12} & l_2 C_{12} & 0 \\ l_1 S_1 + l_2 S_{12} & l_2 S_{12} & 0 \\ -1 & -1 & -1 \end{bmatrix} \tag{6.8}$$

となります．

垂直型 3 自由度ロボット（図 1.7）の場合には

$$
\begin{aligned}
p_x &= C_1(l_2C_2 + l_3C_{23}) \\
p_y &= S_1(l_2C_2 + l_3C_{23}) \\
p_z &= l_2S_2 + l_3S_{23}
\end{aligned}
$$

だったので，これを微分して

$$
\begin{bmatrix} \dot{p}_x \\ \dot{p}_y \\ \dot{p}_z \end{bmatrix} = \begin{bmatrix} -S_1(l_2C_2 + l_3C_{23}) & C_1(-l_2S_2 - l_3S_{23}) & -l_3C_1S_{23} \\ C_1(l_2C_2 + l_3C_{23}) & S_1(-l_2S_2 - l_3S_{23}) & -l_3S_1S_{23} \\ 0 & l_2C_2 + l_3C_{23} & l_3C_{23} \end{bmatrix} \begin{bmatrix} \dot{\theta}_1 \\ \dot{\theta}_2 \\ \dot{\theta}_3 \end{bmatrix} \tag{6.9}
$$

となります．ヤコビ行列は

$$
\boldsymbol{J}_r = \begin{bmatrix} -S_1(l_2C_2 + l_3C_{23}) & C_1(-l_2S_2 - l_3S_{23}) & -l_3C_1S_{23} \\ C_1(l_2C_2 + l_3C_{23}) & S_1(-l_2S_2 - l_3S_{23}) & -l_3S_1S_{23} \\ 0 & l_2C_2 + l_3C_{23} & l_3C_{23} \end{bmatrix} \tag{6.10}
$$

です．

図 6.1 に示すような平面 3 自由度ロボットで，作業座標として手先の姿勢は考慮せず，位置のみを決める問題を考えましょう．手先の位置は

$$
\begin{aligned}
p_x &= l_1C_1 + l_2C_{12} + l_3C_{123} \\
p_y &= l_1S_1 + l_2S_{12} + l_3S_{123}
\end{aligned}
$$

となります．これを時間微分すると

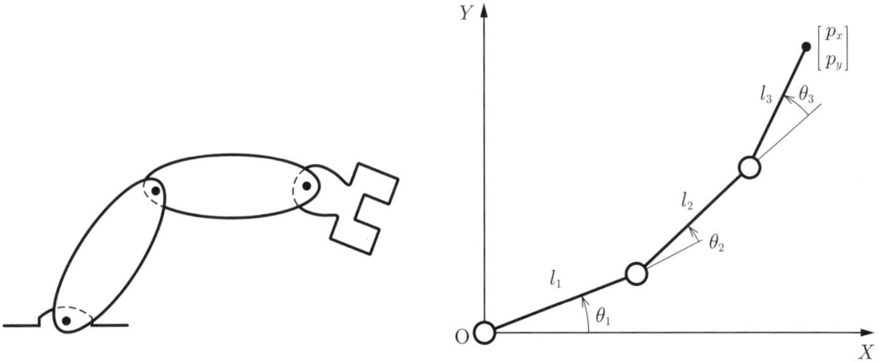

図 6.1：平面 3 自由度ロボットで手先の位置を決める

$$\begin{bmatrix} \dot{p}_x \\ \dot{p}_y \end{bmatrix} = \begin{bmatrix} -l_1S_1 - l_2S_{12} - l_3S_{123} & -l_2S_{12} - l_3S_{123} & -l_3S_{123} \\ l_1C_1 + l_2C_{12} + l_3C_{123} & l_2C_{12} + l_3C_{123} & l_3C_{123} \end{bmatrix} \begin{bmatrix} \dot{\theta}_1 \\ \dot{\theta}_2 \\ \dot{\theta}_3 \end{bmatrix} \tag{6.11}$$

となります．このように，ロボットの自由度 n（ここでは $n = 3$）よりも，作業座標系の位置・姿勢ベクトルの次元 m（ここでは $m = 2$）が小さい場合（$n > m$），ヤコビ行列は

$$\boldsymbol{J}_r = \begin{bmatrix} -l_1S_1 - l_2S_{12} - l_3S_{123} & -l_2S_{12} - l_3S_{123} & -l_3S_{123} \\ l_1C_1 + l_2C_{12} + l_3C_{123} & l_2C_{12} + l_3C_{123} & l_3C_{123} \end{bmatrix} \tag{6.12}$$

と横長になります．

最後に，垂直型 6 自由度ロボットのヤコビ行列について考えてみましょう．位置に関する順運動学は，4.4 節で計算されているように（以下の式は再掲）

$$\begin{aligned}
p_x &= C_1(l_2C_2 + l_3C_{23}) \\
p_y &= S_1(l_2C_2 + l_3C_{23}) \\
p_z &= l_2S_2 + l_3S_{23} \\
R_{11} &= -C_1S_{23}(C_4C_5C_6 - S_4S_6) - C_1C_{23}S_5C_6 + S_1(S_4C_5C_6 + C_4S_6) \\
R_{12} &= C_1S_{23}(C_4C_5S_6 + S_4C_6) + C_1C_{23}S_5S_6 + S_1(-S_4C_5S_6 + C_4C_6) \\
R_{13} &= -C_1S_{23}C_4S_5 + C_1C_{23}C_5 + S_1S_4S_5 \\
R_{21} &= -S_1S_{23}(C_4C_5C_6 - S_4S_6) - S_1C_{23}S_5C_6 - C_1(S_4C_5C_6 + C_4S_6) \\
R_{22} &= S_1S_{23}(C_4C_5S_6 + S_4C_6) + S_1C_{23}S_5S_6 + C_1(S_4C_5S_6 - C_4C_6) \\
R_{23} &= -S_1S_{23}C_4S_5 + S_1C_{23}C_5 - C_1S_4S_5 \\
R_{31} &= C_{23}(C_4C_5C_6 - S_4S_6) - S_{23}S_5C_6 \\
R_{32} &= -C_{23}(C_4C_5S_6 + S_4C_6) + S_{23}S_5S_6 \\
R_{33} &= C_{23}C_4S_5 + S_{23}C_5
\end{aligned}$$

です．p_x，p_y，p_z に関する微分は，この式を時間微分することで求めることができます．PUMA 型ロボットのアーム部は，垂直 3 自由度ロボットの式と同じで，θ_1〜θ_3 のみの関数となるので，これに対応するヤコビ行列は，式 (6.9) と全く同じになりま

す．一方で，手先の姿勢をロール・ピッチ・ヨー角で記述すると，2.3 節で計算したように，$C_\theta \neq 0$ のとき（これらの式も再掲）

$$\theta = \operatorname{atan2}\left(-R_{31},\ \pm\sqrt{{R_{32}}^2 + {R_{33}}^2}\right)$$
$$\phi = \operatorname{atan2}\left(\pm R_{21}, \pm R_{11}\right)$$
$$\psi = \operatorname{atan2}\left(\pm R_{32}, \pm R_{33}\right)$$

となります．この式に，上式の $R_{11} \sim R_{33}$ を代入し，時間微分すれば，最終的に

$$\begin{bmatrix} \dot{p}_x \\ \dot{p}_y \\ \dot{p}_z \\ \hline \dot{\phi} \\ \dot{\theta} \\ \dot{\psi} \end{bmatrix} = \left[\begin{array}{ccc|ccc} -S_1(l_2C_2 + l_3C_{23}) & C_1(-l_2S_2 - l_3S_{23}) & -l_3C_1S_{23} & 0 & 0 & 0 \\ C_1(l_2C_2 + l_3C_{23}) & S_1(-l_2S_2 - l_3S_{23}) & -l_3S_1S_{23} & 0 & 0 & 0 \\ 0 & l_2C_2 + l_3C_{23} & l_3C_{23} & 0 & 0 & 0 \\ \hline * & * & * & * & * & * \\ * & * & * & * & * & * \\ * & * & * & * & * & * \end{array}\right] \begin{bmatrix} \dot{\theta}_1 \\ \dot{\theta}_2 \\ \dot{\theta}_3 \\ \dot{\theta}_4 \\ \dot{\theta}_5 \\ \dot{\theta}_6 \end{bmatrix} \tag{6.13}$$

と，ヤコビ行列 $\boldsymbol{J}_r$ を解析的に求めることができますが，その計算はかなり煩雑になります．なお，式 (6.13) 中の $*$ は，サインやコサインの非常に複雑な関数です．

これらの例からわかるように，位置に関する順運動学問題の解が解析的に求められている場合には，それを直接微分することによって，ヤコビ行列を求めることができます．微分することで得られた結果ですから当然のことですが，積分することで手先の位置・姿勢を求めることができます．一方で，この方法によってヤコビ行列を求めるには，微分演算が必要となります．式が簡単な場合にはわかりやすいですが，例えば，式 (6.13) の $\boldsymbol{J}_r$ を求めるためには，大変な労力が必要になります．そこで，同じような関係式でありながら，手先速度を計算するために，微分を使わずに，外積を用いることができる基礎ヤコビ行列を定義します．そのためにまず，手先角速度ベクトルを定義し，手先の姿勢ベクトルの微分との関係を調べます．

6.3 角速度ベクトル

垂直型 6 自由度ロボットの場合，式 (6.13) に示すような，解析的な微分によって得られるヤコビ行列 $\boldsymbol{J}_r$ によって $\dot{\boldsymbol{q}}$ から $\dot{\boldsymbol{p}}$，$\dot{\phi}$，$\dot{\theta}$，$\dot{\psi}$ を求めることができました．手先の姿勢速度として，ここではロール・ピッチ・ヨー角の時間微分が使われていますが，その代わりに，角速度を用いてこの式を書き換えることを考えます．

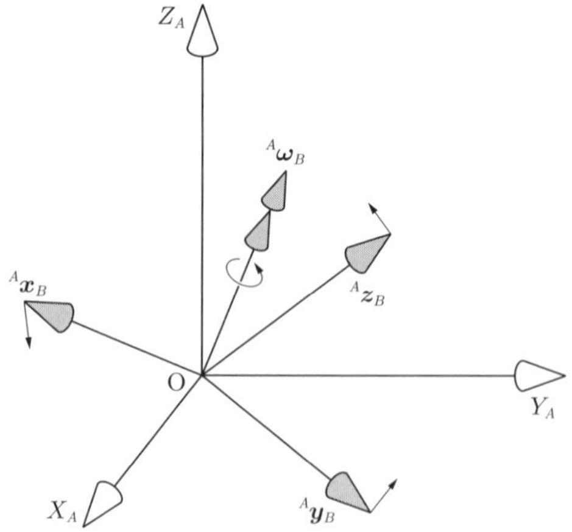

図 6.2：Σ_A と原点が一致する座標系 Σ_B が，Σ_A に対して角速度ベクトル ${}^A\boldsymbol{\omega}_B$ で回転している状況を考えます．そのとき，単位ベクトル ${}^A\boldsymbol{x}_B$ の変化量 ${}^A\dot{\boldsymbol{x}}_B$ は，図からわかるように，外積 ${}^A\boldsymbol{\omega}_B \times {}^A\boldsymbol{x}_B$ となります．

座標系 Σ_A に対して，座標系 Σ_B が回転している状況を考えましょう．原点が一致している限り，どのような運動も，その瞬間の回転軸と回転速度（単位時間あたりの回転角）によって表現されることが知られています（**図 6.2**）．この回転軸方向に，回転速度の大きさを持つ角速度ベクトル ${}^A\boldsymbol{\omega}_B$ を考えましょう．

座標系 Σ_B から見たベクトル ${}^B\boldsymbol{p}$ を，座標系 Σ_A から見るために回転行列 ${}^A\boldsymbol{R}_B$ をかけて時間微分すると

$$\frac{d}{dt}\left({}^A\boldsymbol{R}_B\,{}^B\boldsymbol{p}\right) = \frac{d}{dt}\left({}^A\boldsymbol{R}_B\right){}^B\boldsymbol{p} + {}^A\boldsymbol{R}_B\frac{d}{dt}{}^B\boldsymbol{p} \tag{6.14}$$

となります．ここで，${}^A\boldsymbol{R}_B$ の定義式 (2.1) を思い出してください．座標系 Σ_A から見た，Σ_B の X 軸方向の単位ベクトル ${}^A\boldsymbol{x}_B$，Y 軸方向の単位ベクトル ${}^A\boldsymbol{y}_B$，Z 軸方向の単位ベクトル ${}^A\boldsymbol{z}_B$ を使って

$${}^A\boldsymbol{R}_B = \begin{bmatrix} {}^A\boldsymbol{x}_B & {}^A\boldsymbol{y}_B & {}^A\boldsymbol{z}_B \end{bmatrix}$$

でした．${}^B\boldsymbol{p} = \begin{bmatrix} {}^Bp_x & {}^Bp_y & {}^Bp_z \end{bmatrix}^T$ とすると，式 (6.14) の右辺第 1 項は

$$\begin{aligned}\frac{d}{dt}\left({}^A\boldsymbol{R}_B\right){}^B\boldsymbol{p} &= \frac{d}{dt}\left({}^A\boldsymbol{x}_B\right){}^Bp_x + \frac{d}{dt}\left({}^A\boldsymbol{y}_B\right){}^Bp_y + \frac{d}{dt}\left({}^A\boldsymbol{z}_B\right){}^Bp_z \\ &= {}^A\boldsymbol{\omega}_B \times {}^A\boldsymbol{x}_B\,{}^Bp_x + {}^A\boldsymbol{\omega}_B \times {}^A\boldsymbol{y}_B\,{}^Bp_y + {}^A\boldsymbol{\omega}_B \times {}^A\boldsymbol{z}_B\,{}^Bp_z\end{aligned} \tag{6.15}$$

$$
\begin{aligned}
&= {}^A\boldsymbol{\omega}_B \times \left({}^A\boldsymbol{x}_B{}^B p_x + {}^A\boldsymbol{y}_B{}^B p_y + {}^A\boldsymbol{z}_B{}^B p_z\right) \\
&= {}^A\boldsymbol{\omega}_B \times \left({}^A\boldsymbol{R}_B{}^B\boldsymbol{p}\right) \qquad (6.16)
\end{aligned}
$$

と表すことができます．ここで，$\times$ は，ベクトルの外積で

$$
\boldsymbol{a} \times \boldsymbol{b} = \begin{bmatrix} a_y b_z - a_z b_y \\ a_z b_x - a_x b_z \\ a_x b_y - a_y b_x \end{bmatrix} \qquad (6.17)
$$

です．式 (6.15) の変形は，図 6.2 に示されているように，各要素ベクトルの速度が角速度 ${}^A\boldsymbol{\omega}_B$ による回転から生じていて，その大きさは，要素ベクトルと角速度ベクトルの外積となると考えると理解できます．これらを使うと，式 (6.14) は

$$
\begin{aligned}
\frac{d}{dt}\left({}^A\boldsymbol{R}_B{}^B\boldsymbol{p}\right) &= \frac{d}{dt}\left({}^A\boldsymbol{R}_B\right){}^B\boldsymbol{p} + {}^A\boldsymbol{R}_B\frac{d}{dt}{}^B\boldsymbol{p} \\
&= {}^A\boldsymbol{\omega}_B \times \left({}^A\boldsymbol{R}_B{}^B\boldsymbol{p}\right) + {}^A\boldsymbol{R}_B\frac{d}{dt}{}^B\boldsymbol{p}
\end{aligned}
$$

となります．回転行列 ${}^A\boldsymbol{R}_B$ を時間微分すると，角速度ベクトルに関する外積 ${}^A\boldsymbol{\omega}_B\times$ が出てくると考えるとわかりやすいです．この式は，${}^A\boldsymbol{R}_B$ の各要素の時間微分を，角速度ベクトルとの外積 ${}^A\boldsymbol{\omega}_B\times$ に置き換えられることを示す重要な式です．

回転行列 ${}^A\boldsymbol{R}_B$ の微分と角速度ベクトル ${}^A\boldsymbol{\omega}_B$ との関係を，別の方法でも考えておきましょう．回転行列 ${}^A\boldsymbol{R}_B$ は，正規直交行列なので

$$
{}^A\boldsymbol{R}_B{}^A\boldsymbol{R}_B{}^T = \boldsymbol{I} \qquad (6.18)
$$

が成立します．ただし，$\boldsymbol{I}$ は単位行列です．この両辺を微分すると

$$
{}^A\dot{\boldsymbol{R}}_B{}^A\boldsymbol{R}_B{}^T + {}^A\boldsymbol{R}_B{}^A\dot{\boldsymbol{R}}_B{}^T = \boldsymbol{O} \qquad (6.19)
$$

となります．ただし，$\boldsymbol{O}$ は零行列です．ここで，$\boldsymbol{\Omega} = {}^A\dot{\boldsymbol{R}}_B{}^A\boldsymbol{R}_B{}^T$ とおくと

$$
\boldsymbol{\Omega} + \boldsymbol{\Omega}^T = \boldsymbol{O} \qquad (6.20)
$$

となります．このように，その行列自身の転置行列を足すと $\boldsymbol{O}$ になるような行列のことを，歪対称行列と呼びます．歪対称行列の一般形は

$$
\begin{bmatrix} 0 & -\omega_z & \omega_y \\ \omega_z & 0 & -\omega_x \\ -\omega_y & \omega_x & 0 \end{bmatrix} \qquad (6.21)
$$

と書けます．実は，この行列を使うと，外積は

$$\boldsymbol{a} \times \boldsymbol{b} = \begin{bmatrix} a_y b_z - a_z b_y \\ a_z b_x - a_x b_z \\ a_x b_y - a_y b_x \end{bmatrix} \quad \text{（ここまでは外積の定義）}$$
$$= \begin{bmatrix} 0 & -a_z & a_y \\ a_z & 0 & -a_x \\ -a_y & a_x & 0 \end{bmatrix} \begin{bmatrix} b_x \\ b_y \\ b_z \end{bmatrix}$$

となります．右辺の

$$[\boldsymbol{a}\times] \triangleq \begin{bmatrix} 0 & -a_z & a_y \\ a_z & 0 & -a_x \\ -a_y & a_x & 0 \end{bmatrix} \tag{6.22}$$

を，外積行列と呼びます．外積行列を使うと

$$\boldsymbol{\Omega} = \left[{}^{A}\boldsymbol{\omega}_{B}\times\right] \tag{6.23}$$

と書けることになります．もともと，$\boldsymbol{\Omega} = {}^{A}\dot{\boldsymbol{R}}_{B}{}^{A}\boldsymbol{R}_{B}{}^{T}$ でしたので，この式を変形すると

$$\begin{aligned} {}^{A}\dot{\boldsymbol{R}}_{B} &= \boldsymbol{\Omega}{}^{A}\boldsymbol{R}_{B} \\ &= \left[{}^{A}\boldsymbol{\omega}_{B}\times\right]{}^{A}\boldsymbol{R}_{B} \end{aligned}$$

となります．これを使うと，式 (6.14) の変形を

$$\begin{aligned} \frac{d}{dt}\left({}^{A}\boldsymbol{R}_{B}{}^{B}\boldsymbol{p}\right) &= \frac{d}{dt}\left({}^{A}\boldsymbol{R}_{B}\right){}^{B}\boldsymbol{p} + {}^{A}\boldsymbol{R}_{B}\frac{d}{dt}{}^{B}\boldsymbol{p} \\ &= \left[{}^{A}\boldsymbol{\omega}_{B}\times\right]\left({}^{A}\boldsymbol{R}_{B}{}^{B}\boldsymbol{p}\right) + {}^{A}\boldsymbol{R}_{B}\frac{d}{dt}{}^{B}\boldsymbol{p} \end{aligned}$$

と求めることができます．前の説明と同様，回転行列 ${}^{A}\boldsymbol{R}_{B}$ を微分すると，角速度ベクトルに関する外積 ${}^{A}\boldsymbol{\omega}_{B}\times$ が出てくることが理解できたでしょうか．

6.4 基礎ヤコビ行列

前節で考えた角速度ベクトル $\boldsymbol{\omega}$ を使って，ヤコビ行列を定義しなおしましょう．式 (6.13)

$$\begin{bmatrix} \dot{\boldsymbol{p}} \\ \dot{\phi} \\ \dot{\theta} \\ \dot{\psi} \end{bmatrix} = \boldsymbol{J}_r \dot{\boldsymbol{q}}$$

と同じ形で

$$\begin{bmatrix} \dot{\boldsymbol{p}} \\ \boldsymbol{\omega} \end{bmatrix} = \boldsymbol{J}_v \dot{\boldsymbol{q}} \tag{6.24}$$

とし，この式を $\boldsymbol{J}_v$ の定義とします．$\boldsymbol{J}_r$ は，姿勢に関する変数の時間微分を基に定義されているので，右辺を積分すると元の姿勢を求めることができますが，$\boldsymbol{J}_v$ は，式 (6.24) という速度の関係式そのものが定義式になるため，この式に基づいて角速度を積分しても姿勢を求めることができません（回転は非可換であるため．詳しくはコラム参照）．そこで，$\boldsymbol{J}_v$ を，ヤコビ行列 $\boldsymbol{J}_r$ と区別して，基礎ヤコビ行列と呼びます．

基礎ヤコビ行列を求めるために，リンク速度間の関係式を導きましょう（**図 6.3**）．リンク（$i-1$）座標系 Σ_{i-1} の原点を基準座標系 Σ_0 から見たベクトルを ${}^0\boldsymbol{p}_{i-1}$，角速度ベクトルを ${}^0\boldsymbol{\omega}_{i-1}$，リンク（$i$）座標系 Σ_i の原点を基準座標系 Σ_0 から見たベクトルを ${}^0\boldsymbol{p}_i$，角速度ベクトルを ${}^0\boldsymbol{\omega}_i$ とすると

$${}^0\boldsymbol{p}_i = {}^0\boldsymbol{p}_{i-1} + {}^0\boldsymbol{R}_{i-1}{}^{i-1}\boldsymbol{p}_{i-1,i} \tag{6.25}$$

$${}^0\boldsymbol{\omega}_i = {}^0\boldsymbol{\omega}_{i-1} + {}^0\boldsymbol{R}_{i-1}{}^{i-1}\boldsymbol{\omega}_{i-1,i} \tag{6.26}$$

となります．ここで，${}^{i-1}\boldsymbol{p}_{i-1,i}$ は，リンク（$i-1$）座標系 Σ_{i-1} の原点から，Σ_i の原点へのベクトルを Σ_{i-1} で表したもの，${}^{i-1}\boldsymbol{\omega}_{i-1,i}$ は，リンク（$i-1$）座標系 Σ_{i-1} から見た Σ_i の角速度を Σ_{i-1} で表したものとします．式 (6.25) を微分すると

$${}^0\dot{\boldsymbol{p}}_i = {}^0\dot{\boldsymbol{p}}_{i-1} + {}^0\boldsymbol{R}_{i-1}{}^{i-1}\dot{\boldsymbol{p}}_{i-1,i} + {}^0\boldsymbol{\omega}_{i-1} \times \left({}^0\boldsymbol{R}_{i-1}{}^{i-1}\boldsymbol{p}_{i-1,i}\right) \tag{6.27}$$

となります．

図 6.3 のように，関節（i）が回転関節の場合，${}^{i-1}\boldsymbol{p}_{i-1,i}$ は一定となるので，その微分は $\boldsymbol{0}$ になります．また，${}^{i-1}\boldsymbol{\omega}_{i-1,i}$ は，${}^{i-1}\boldsymbol{R}_i\begin{bmatrix}0 & 0 & 1\end{bmatrix}^T \dot{q}_i$（$q_i$ は，関節（i）の回転変位）となります．これらを式 (6.26)，(6.27) に代入すると

$${}^0\boldsymbol{\omega}_i = {}^0\boldsymbol{\omega}_{i-1} + {}^0\boldsymbol{R}_i\boldsymbol{e}_z\dot{q}_i \tag{6.28}$$

$${}^0\dot{\boldsymbol{p}}_i = {}^0\dot{\boldsymbol{p}}_{i-1} + {}^0\boldsymbol{\omega}_{i-1} \times \left({}^0\boldsymbol{R}_{i-1}{}^{i-1}\boldsymbol{p}_{i-1,i}\right) \tag{6.29}$$

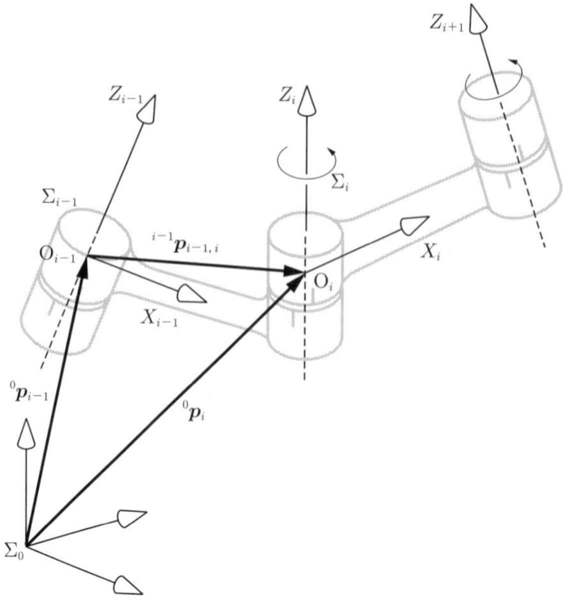

図 6.3：Σ_{i-1} の原点 ${}^0\boldsymbol{p}_{i-1}$ と，Σ_i の原点 ${}^0\boldsymbol{p}_i$ との関係

となります．ここで，$\boldsymbol{e}_z \triangleq \begin{bmatrix} 0 & 0 & 1 \end{bmatrix}^T$ とおきました．

一方，関節 (i) が直動関節の場合には，相対的な回転がないので ${}^{i-1}\boldsymbol{\omega}_{i-1,i} = \boldsymbol{0}$ となり，${}^{i-1}\dot{\boldsymbol{p}}_{i-1,i} = {}^{i-1}\boldsymbol{R}_i \boldsymbol{e}_z \dot{q}_i$ となるので

$$
{}^0\boldsymbol{\omega}_i = {}^0\boldsymbol{\omega}_{i-1} \tag{6.30}
$$

$$
{}^0\dot{\boldsymbol{p}}_i = {}^0\dot{\boldsymbol{p}}_{i-1} + {}^0\boldsymbol{R}_i \boldsymbol{e}_z \dot{q}_i + {}^0\boldsymbol{\omega}_{i-1} \times \left({}^0\boldsymbol{R}_{i-1} {}^{i-1}\boldsymbol{p}_{i-1,i}\right) \tag{6.31}
$$

となります．

やっと用意が整ったので，基礎ヤコビ行列を求めましょう．図 4.5 のトーチのように，ロボットの一番先端のリンク (n) に，効果器座標系 Σ_E を取り付けます．Σ_0 から見た Σ_E の角速度，速度は，式 (6.30)，(6.29) と同様に

$$
{}^0\boldsymbol{\omega}_E = {}^0\boldsymbol{\omega}_n \tag{6.32}
$$

$$
{}^0\dot{\boldsymbol{p}}_E = {}^0\dot{\boldsymbol{p}}_n + {}^0\boldsymbol{\omega}_n \times \left({}^0\boldsymbol{R}_n {}^n\boldsymbol{p}_{n,E}\right) \tag{6.33}
$$

です．台座座標系に対する台座の速度は $\boldsymbol{0}$ ですので，${}^0\boldsymbol{\omega}_0 = \boldsymbol{0}$，${}^0\dot{\boldsymbol{p}}_0 = \boldsymbol{0}$ を初期値として，その関節が回転関節であれば式 (6.28)，(6.29)，直動関節であれば式 (6.30)，

(6.31) を用いて，根元から順番に速度を加算することで，${}^0\dot{\boldsymbol{p}}_E$，${}^0\boldsymbol{\omega}_E$ を求めることができます．例えば，n 個の関節すべてが回転関節である場合

$$
{}^0\boldsymbol{\omega}_E = \sum_{i=1}^{n} {}^0\boldsymbol{R}_i \boldsymbol{e}_z \dot{q}_i \tag{6.34}
$$

$$
{}^0\dot{\boldsymbol{p}}_E = \sum_{j=1}^{n} \left[\left({}^0\boldsymbol{R}_j \boldsymbol{e}_z \dot{q}_j \right) \times \left(\sum_{i=j}^{n} {}^0\boldsymbol{R}_i {}^i\boldsymbol{p}_{i,i+1} \right) \right] \tag{6.35}
$$

となります．ただし，${}^n\boldsymbol{p}_{n,E} = {}^n\boldsymbol{p}_{n,n+1}$ とおいています．ここで，見通しをよくするために

$$
{}^0\boldsymbol{z}_i \triangleq {}^0\boldsymbol{R}_i \boldsymbol{e}_z \tag{6.36}
$$

$$
\begin{aligned}
{}^0\boldsymbol{p}_{j,E} &\triangleq \sum_{i=j}^{n} {}^0\boldsymbol{R}_i {}^i\boldsymbol{p}_{i,i+1} \\
&= {}^0\boldsymbol{p}_{j+1,E} + {}^0\boldsymbol{R}_j {}^j\boldsymbol{p}_{j,j+1}
\end{aligned} \tag{6.37}
$$

とおくと，式 (6.34)，(6.35) は

$$
{}^0\boldsymbol{\omega}_E = \sum_{i=1}^{n} {}^0\boldsymbol{z}_i \dot{q}_i \tag{6.38}
$$

$$
{}^0\dot{\boldsymbol{p}}_E = \sum_{j=1}^{n} \left({}^0\boldsymbol{z}_j \dot{q}_j \times {}^0\boldsymbol{p}_{j,E} \right) \tag{6.39}
$$

となります．これにより

$$
\begin{aligned}
\begin{bmatrix} {}^0\dot{\boldsymbol{p}}_E \\ {}^0\boldsymbol{\omega}_E \end{bmatrix} &= \begin{bmatrix} {}^0\boldsymbol{z}_1 \times {}^0\boldsymbol{p}_{1,E} & {}^0\boldsymbol{z}_2 \times {}^0\boldsymbol{p}_{2,E} & \cdots & {}^0\boldsymbol{z}_n \times {}^0\boldsymbol{p}_{n,E} \\ {}^0\boldsymbol{z}_1 & {}^0\boldsymbol{z}_2 & \cdots & {}^0\boldsymbol{z}_n \end{bmatrix} \dot{\boldsymbol{q}} \\
&= \boldsymbol{J}_v \dot{\boldsymbol{q}}
\end{aligned} \tag{6.40}
$$

と，基礎ヤコビ行列 $\boldsymbol{J}_v$ を計算することができます．

基礎ヤコビ行列について，もっとも重要なことは，式 (6.36)，式 (6.37) は，関節変位がわかっていれば，根元から順番に計算することができる式であり，その組合せである式 (6.40) によって，時間微分をしなくても，外積の計算だけで $\boldsymbol{J}_v$ を計算することができることです．言い換えると，リンクパラメータが与えられていれば，式 (6.36)，式 (6.37) を漸化的に（1 リンク前の状態を使って次のリンクの状態を計算すること）プログラムすることで，基礎ヤコビ行列を求めることができます．（通常の）ヤコビ行列は，時間微分演算という解析的な演算が必要なので，自由度が多くなってくるとプ

ログラミングが面倒になるのと，対比させて考えておく必要があります．一方で，解析的な解が与えられないために，例えば，どこに特異姿勢があるかは実際にその姿勢についての計算をするまではわからない，というわかりにくさもあります．

6.5 ヤコビ行列と基礎ヤコビ行列の関係

ここでは，ヤコビ行列と基礎ヤコビ行列の関係について考えてみましょう．そもそも，ロール・ピッチ・ヨー角における，角度の微分が合成されると，どうなるかを描いた図が，**図 6.4** です．図からわかるように，ロール・ピッチ・ヨー角表現での合成速度は，Z 軸回りの回転速度 $\dot{\phi}$ と，Z 軸回りに ϕ 回転した座標系での Y 軸回りの回転速度 $\dot{\theta}$，さらに，Y 軸回りに回転した座標系での X 軸回りの回転速度 $\dot{\psi}$ の，ベクトル的な総和となるので

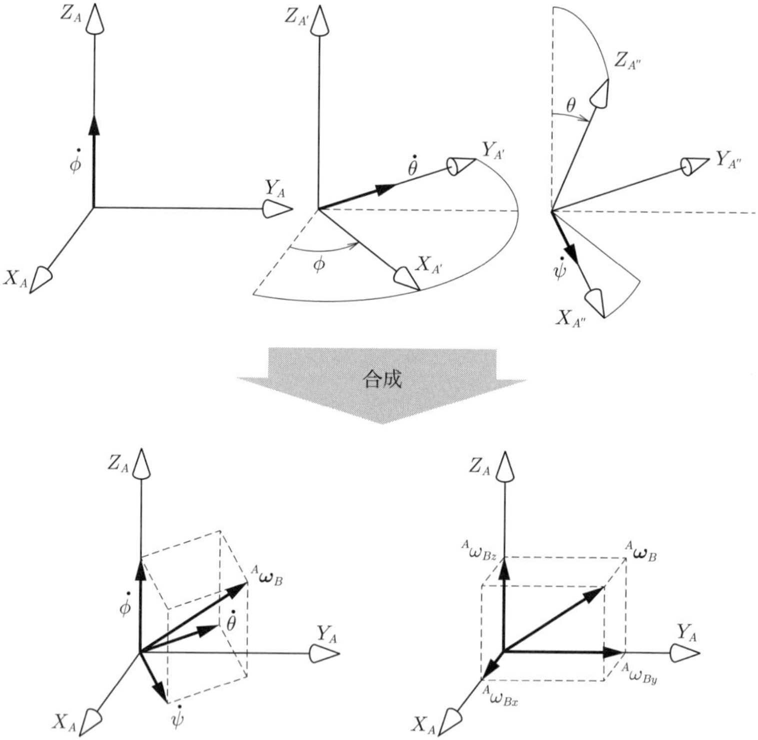

図 6.4：ロール・ピッチ・ヨー角での速度の表現と角速度ベクトル

$$
\begin{aligned}
&{}^{A}\boldsymbol{\omega}_{B} \\
&= \begin{bmatrix} 0 \\ 0 \\ \dot{\phi} \end{bmatrix} + \begin{bmatrix} C_{\phi} & -S_{\phi} & 0 \\ S_{\phi} & C_{\phi} & 0 \\ 0 & 0 & 1 \end{bmatrix} \begin{bmatrix} 0 \\ \dot{\theta} \\ 0 \end{bmatrix} + \begin{bmatrix} C_{\phi} & -S_{\phi} & 0 \\ S_{\phi} & C_{\phi} & 0 \\ 0 & 0 & 1 \end{bmatrix} \begin{bmatrix} C_{\theta} & 0 & S_{\theta} \\ 0 & 1 & 0 \\ -S_{\theta} & 0 & C_{\theta} \end{bmatrix} \begin{bmatrix} \dot{\psi} \\ 0 \\ 0 \end{bmatrix} \\
&= \begin{bmatrix} 0 & -S_{\phi} & C_{\phi}C_{\theta} \\ 0 & C_{\phi} & S_{\phi}C_{\theta} \\ 1 & 0 & -S_{\theta} \end{bmatrix} \begin{bmatrix} \dot{\phi} \\ \dot{\theta} \\ \dot{\psi} \end{bmatrix} \qquad (6.41)
\end{aligned}
$$

という関係が成立します．$C_{\theta} = 0$ のとき，行列の逆行列は存在しません．これは，${}^{A}\boldsymbol{\omega}_{B}$ では表現できる回転速度が，$C_{\theta} = 0$ のときには，ロール・ピッチ・ヨー角の速度では表現できないことを示しています．これは，2.3 節でも触れた，ロール・ピッチ・ヨー角の表現上の特異点（ジンバルロック）と一致しています．この行列を使うと，ヤコビ行列 $\boldsymbol{J}_r$ と，基礎ヤコビ行列 $\boldsymbol{J}_v$ の間には

$$
\boldsymbol{J}_v = \left[\begin{array}{ccc|ccc} 1 & 0 & 0 & 0 & 0 & 0 \\ 0 & 1 & 0 & 0 & 0 & 0 \\ 0 & 0 & 1 & 0 & 0 & 0 \\ \hline 0 & 0 & 0 & 0 & -S_{\phi} & C_{\phi}C_{\theta} \\ 0 & 0 & 0 & 0 & C_{\phi} & S_{\phi}C_{\theta} \\ 0 & 0 & 0 & 1 & 0 & -S_{\theta} \end{array}\right] \boldsymbol{J}_r \qquad (6.42)
$$

という関係があることがわかります．

6.6 垂直型 3 自由度・6 自由度ロボットの基礎ヤコビ行列

例として，垂直型 3 自由度，および 6 自由度ロボットの基礎ヤコビ行列を求めておきましょう．まず，3 自由度ロボット（4.3 節）についての基礎ヤコビ行列を求めます．関節間の回転行列については，式 (4.14)，(4.15)，(4.16) より

$$
{}^{0}\boldsymbol{R}_1 = \begin{bmatrix} C_1 & -S_1 & 0 \\ S_1 & C_1 & 0 \\ 0 & 0 & 1 \end{bmatrix}, \quad {}^{1}\boldsymbol{R}_2 = \begin{bmatrix} C_2 & -S_2 & 0 \\ 0 & 0 & -1 \\ S_2 & C_2 & 0 \end{bmatrix},
$$

$$
{}^{2}\boldsymbol{R}_3 = \begin{bmatrix} C_3 & -S_3 & 0 \\ S_3 & C_3 & 0 \\ 0 & 0 & 1 \end{bmatrix} \qquad (6.43)
$$

となることがわかりますので

$$
{}^{0}\boldsymbol{R}_2 = \begin{bmatrix} C_1C_2 & -C_1S_2 & S_1 \\ S_1C_2 & -S_1S_2 & -C_1 \\ S_2 & C_2 & 0 \end{bmatrix}, \quad {}^{0}\boldsymbol{R}_3 = \begin{bmatrix} C_1C_{23} & -C_1S_{23} & S_1 \\ S_1C_{23} & -S_1S_{23} & -C_1 \\ S_{23} & C_{23} & 0 \end{bmatrix} \tag{6.44}
$$

を得ます．これから

$$
{}^{0}\boldsymbol{z}_1 = {}^{0}\boldsymbol{R}_1\boldsymbol{e}_z = \begin{bmatrix} 0 \\ 0 \\ 1 \end{bmatrix} \tag{6.45}
$$

$$
{}^{0}\boldsymbol{z}_2 = {}^{0}\boldsymbol{R}_2\boldsymbol{e}_z = \begin{bmatrix} S_1 \\ -C_1 \\ 0 \end{bmatrix} \tag{6.46}
$$

$$
{}^{0}\boldsymbol{z}_3 = {}^{0}\boldsymbol{R}_3\boldsymbol{e}_z = \begin{bmatrix} S_1 \\ -C_1 \\ 0 \end{bmatrix} \tag{6.47}
$$

となり，さらに

$$
\begin{aligned}
{}^{0}\boldsymbol{p}_{3,E} &= {}^{0}\boldsymbol{R}_3 {}^{3}\boldsymbol{p}_{3,E} \\
&= \begin{bmatrix} C_1C_{23} & -C_1S_{23} & S_1 \\ S_1C_{23} & -S_1S_{23} & -C_1 \\ S_{23} & C_{23} & 0 \end{bmatrix} \begin{bmatrix} l_3 \\ 0 \\ 0 \end{bmatrix} \\
&= \begin{bmatrix} l_3C_1C_{23} \\ l_3S_1C_{23} \\ l_3S_{23} \end{bmatrix}
\end{aligned} \tag{6.48}
$$

$$
\begin{aligned}
{}^{0}\boldsymbol{p}_{2,E} &= {}^{0}\boldsymbol{p}_{3,E} + {}^{0}\boldsymbol{R}_2 {}^{2}\boldsymbol{p}_{2,3} \\
&= \begin{bmatrix} l_3C_1C_{23} \\ l_3S_1C_{23} \\ l_3S_{23} \end{bmatrix} + \begin{bmatrix} C_1C_2 & -C_1S_2 & S_1 \\ S_1C_2 & -S_1S_2 & -C_1 \\ S_2 & C_2 & 0 \end{bmatrix} \begin{bmatrix} l_2 \\ 0 \\ 0 \end{bmatrix}
\end{aligned}
$$

$$= \begin{bmatrix} l_2 C_1 C_2 + l_3 C_1 C_{23} \\ l_2 S_1 C_2 + l_3 S_1 C_{23} \\ l_2 S_2 + l_3 S_{23} \end{bmatrix} \tag{6.49}$$

$$ {}^0\boldsymbol{p}_{1,E} = {}^0\boldsymbol{p}_{2,E} \tag{6.50}$$

より

$$\begin{aligned} {}^0\boldsymbol{z}_1 \times {}^0\boldsymbol{p}_{1,E} &= \begin{bmatrix} 0 \\ 0 \\ 1 \end{bmatrix} \times \begin{bmatrix} l_2 C_1 C_2 + l_3 C_1 C_{23} \\ l_2 S_1 C_2 + l_3 S_1 C_{23} \\ l_2 S_2 + l_3 S_{23} \end{bmatrix} \\ &= \begin{bmatrix} -S_1 \left(l_2 C_2 + l_3 C_{23} \right) \\ C_1 \left(l_2 C_2 + l_3 C_{23} \right) \\ 0 \end{bmatrix} \end{aligned} \tag{6.51}$$

$$\begin{aligned} {}^0\boldsymbol{z}_2 \times {}^0\boldsymbol{p}_{2,E} &= \begin{bmatrix} S_1 \\ -C_1 \\ 0 \end{bmatrix} \times \begin{bmatrix} l_2 C_1 C_2 + l_3 C_1 C_{23} \\ l_2 S_1 C_2 + l_3 S_1 C_{23} \\ l_2 S_2 + l_3 S_{23} \end{bmatrix} \\ &= \begin{bmatrix} -C_1 \left(l_2 S_2 + l_3 S_{23} \right) \\ -S_1 \left(l_2 S_2 + l_3 S_{23} \right) \\ l_2 C_2 + l_3 C_{23} \end{bmatrix} \end{aligned} \tag{6.52}$$

$$\begin{aligned} {}^0\boldsymbol{z}_3 \times {}^0\boldsymbol{p}_{3,E} &= \begin{bmatrix} S_1 \\ -C_1 \\ 0 \end{bmatrix} \times \begin{bmatrix} l_3 C_1 C_{23} \\ l_3 S_1 C_{23} \\ l_3 S_{23} \end{bmatrix} \\ &= \begin{bmatrix} -l_3 C_1 S_{23} \\ -l_3 S_1 S_{23} \\ l_3 C_{23} \end{bmatrix} \end{aligned} \tag{6.53}$$

となり，式 (6.10) の結果と一致します．3自由度ロボットで手先の作業座標系が並進のみですので，基礎ヤコビ行列がヤコビ行列そのものであることに注意しましょう．

垂直型6自由度ロボットの場合，手先の作業座標系に回転が含まれるので，基礎ヤコビ行列とヤコビ行列は異なります．ヤコビ行列は式 (6.13) のように煩雑でしたが，基礎ヤコビ行列の計算は比較的シンプルです．式 (4.21) から (4.26) より，回転行列は

$$
{}^{0}\boldsymbol{R}_1 = \begin{bmatrix} C_1 & -S_1 & 0 \\ S_1 & C_1 & 0 \\ 0 & 0 & 1 \end{bmatrix}, \quad {}^{1}\boldsymbol{R}_2 = \begin{bmatrix} C_2 & -S_2 & 0 \\ 0 & 0 & -1 \\ S_2 & C_2 & 0 \end{bmatrix}
$$

$$
{}^{2}\boldsymbol{R}_3 = \begin{bmatrix} -S_3 & -C_3 & 0 \\ C_3 & -S_3 & 0 \\ 0 & 0 & 1 \end{bmatrix}, \quad {}^{3}\boldsymbol{R}_4 = \begin{bmatrix} C_4 & -S_4 & 0 \\ 0 & 0 & -1 \\ S_4 & C_4 & 0 \end{bmatrix}
$$

$$
{}^{4}\boldsymbol{R}_5 = \begin{bmatrix} C_5 & -S_5 & 0 \\ 0 & 0 & 1 \\ -S_5 & -C_5 & 0 \end{bmatrix}, \quad {}^{5}\boldsymbol{R}_6 = \begin{bmatrix} C_6 & -S_6 & 0 \\ 0 & 0 & -1 \\ S_6 & C_6 & 0 \end{bmatrix}
$$

となります．これを使って，${}^{0}\boldsymbol{z}_1 \sim {}^{0}\boldsymbol{z}_6$ を

$$
{}^{0}\boldsymbol{z}_1 = \begin{bmatrix} 0 \\ 0 \\ 1 \end{bmatrix} \tag{6.54}
$$

$$
{}^{0}\boldsymbol{z}_2 = \begin{bmatrix} S_1 \\ -C_1 \\ 0 \end{bmatrix} \tag{6.55}
$$

$$
{}^{0}\boldsymbol{z}_3 = \begin{bmatrix} S_1 \\ -C_1 \\ 0 \end{bmatrix} \tag{6.56}
$$

$$
{}^{0}\boldsymbol{z}_4 = \begin{bmatrix} C_1 C_{23} \\ S_1 C_{23} \\ S_{23} \end{bmatrix} \tag{6.57}
$$

$$
{}^{0}\boldsymbol{z}_5 = \begin{bmatrix} C_1 S_{23} S_4 + S_1 C_4 \\ S_1 S_{23} S_4 - C_1 C_4 \\ -C_{23} S_4 \end{bmatrix} \tag{6.58}
$$

$$
{}^{0}\boldsymbol{z}_6 = \begin{bmatrix} -C_1 S_{23} C_4 S_5 + C_1 C_{23} C_5 + S_1 S_4 S_5 \\ -S_1 S_{23} C_4 S_5 + S_1 C_{23} C_5 - C_1 S_4 S_5 \\ C_{23} C_4 S_5 + S_{23} C_5 \end{bmatrix} \tag{6.59}
$$

と求めることができます．また，${}^{0}\boldsymbol{p}_{4,E} \sim {}^{0}\boldsymbol{p}_{6,E}$ は，原点が共通ですのですべて $\boldsymbol{0}$ とな

り，${}^0\boldsymbol{p}_{1,E}$〜${}^0\boldsymbol{p}_{3,E}$ は

$$
{}^0\boldsymbol{p}_{3,E} = \begin{bmatrix} l_3C_1C_{23} \\ l_3S_1C_{23} \\ l_3S_{23} \end{bmatrix}
$$

$$
{}^0\boldsymbol{p}_{1,E} = {}^0\boldsymbol{p}_{2,E} = \begin{bmatrix} l_2C_1C_2 + l_3C_1C_{23} \\ l_2S_1C_2 + l_3S_1C_{23} \\ l_2S_2 + l_3S_{23} \end{bmatrix}
$$

です．これらの計算結果を代入すると，基礎ヤコビ行列 $\boldsymbol{J}_v$ は

$$
\boldsymbol{J}_v = \left[\begin{array}{ccc|ccc} -S_1(l_2C_2+l_3C_{23}) & C_1(-l_2S_2-l_3S_{23}) & -l_3C_1S_{23} & 0 & 0 & 0 \\ C_1(l_2C_2+l_3C_{23}) & S_1(-l_2S_2-l_3S_{23}) & -l_3S_1S_{23} & 0 & 0 & 0 \\ 0 & l_2C_2+l_3C_{23} & l_3C_{23} & 0 & 0 & 0 \\ \hline 0 & S_1 & S_1 & C_1C_{23} & C_1S_{23}S_4+S_1C_4 & -C_1S_{23}C_4S_5+C_1C_{23}C_5+S_1S_4S_5 \\ 0 & -C_1 & -C_1 & S_1C_{23} & S_1S_{23}S_4-C_1C_4 & -S_1S_{23}C_4S_5+S_1C_{23}C_5-C_1S_4S_5 \\ 1 & 0 & 0 & S_{23} & -C_{23}S_4 & C_{23}C_4S_5+S_{23}C_5 \end{array}\right] \tag{6.60}
$$

となります．式 (6.13) の下半分が，ほとんど計算不能であったのに比べると，比較的すっきりと求めることができることがわかります．

ここでの例では，実際に解析的に計算し，形を確認するために，${}^0\boldsymbol{z}_1$〜${}^0\boldsymbol{z}_6$ や ${}^0\boldsymbol{p}_{1,E}$〜${}^0\boldsymbol{p}_{6,E}$ を計算しましたが，実際に計算機に実装する場合には，行列の繰り返し計算をプログラムするだけで，このような計算は必要ありません．

6.7 本章のまとめ

第 6 章，ヤコビ行列のまとめは以下の通りです．

（1） 手先の位置・姿勢の微分と関節変位速度との関係を表す行列が，ヤコビ行列で，位置と姿勢が，関節変位の関数としてわかっているときには，解析的に時間微分することで求められる．この関係を微分順運動学と呼ぶ．

（2） ヤコビ行列は位置に関する運動学の微分をする必要があるが，手先の姿勢の微分の代わりに，手先の角速度を使って，手先速度と関節変位の関係を再定義したものが基礎ヤコビ行列であり，時間微分ではなく外積を使うことで計算できる．ただし，手先の角速度は積分ができないため，基礎ヤコビ行列を使って手先の姿勢を直接求めることはできない．

（3）　ヤコビ行列の導出は，解析的時間微分をする必要がある．基礎ヤコビ行列は，リンクパラメータを使って漸化的に数値的にプログラムすることができる．

コラム　角速度の積分

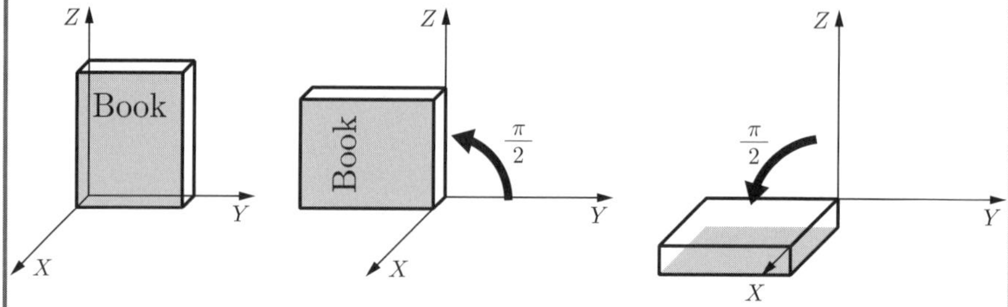

（a）　先に X 軸回りに$\pi/2$ 回転してから，Y 軸回りに$\pi/2$ 回転

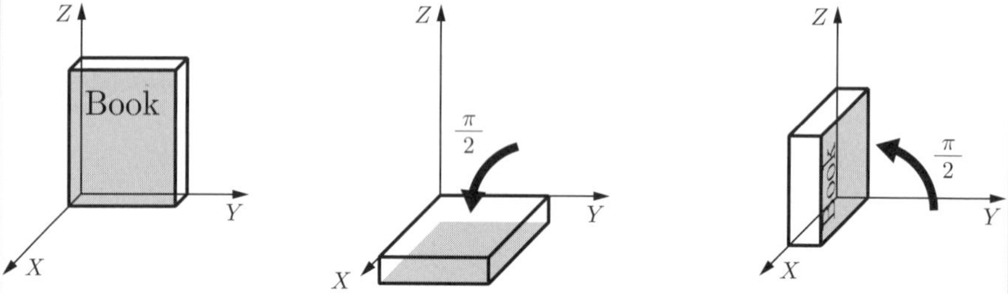

（b）　先に Y 軸回りに$\pi/2$ 回転してから，X 軸回りに$\pi/2$ 回転

図：角速度の積分値が同じなのに姿勢が異なる例

図の(a)と(b)は，異なる角速度であるにもかかわらず，その積分が同じ 2 つのケースを表したものです．積分値が同じなのに，最終的な本の姿勢が異なっている，ということは，その積分値自体に意味がないことを示しています．

ケース(a)は，例えば 1 秒間 $\boldsymbol{\omega} = [\pi/2 \quad 0 \quad 0]^T$ で回り，その後 1 秒間 $\boldsymbol{\omega} = [0 \quad \pi/2 \quad 0]^T$ で回っています．その積分は

$$\int_0^1 \begin{bmatrix} \pi/2 \\ 0 \\ 0 \end{bmatrix} dt + \int_1^2 \begin{bmatrix} 0 \\ \pi/2 \\ 0 \end{bmatrix} dt = \begin{bmatrix} \pi/2 \\ \pi/2 \\ 0 \end{bmatrix} \tag{6.61}$$

となります．一方ケース(b)は，例えば 1 秒間 $\boldsymbol{\omega} = [0 \quad \pi/2 \quad 0]^T$ で回り，その後

1 秒間 $\boldsymbol{\omega} = \begin{bmatrix}\pi/2 & 0 & 0\end{bmatrix}^T$ で回っているとすると，その積分は

$$\int_0^1 \begin{bmatrix} 0 \\ \pi/2 \\ 0 \end{bmatrix} dt + \int_1^2 \begin{bmatrix} \pi/2 \\ 0 \\ 0 \end{bmatrix} dt = \begin{bmatrix} \pi/2 \\ \pi/2 \\ 0 \end{bmatrix} \tag{6.62}$$

となり，（a）のケースと同じ積分結果になりました．注意深く見てみるとわかるように，この例の場合，2 つの有限回転は，順序を変えると違う結果になる，ということを示しています．

7 微分運動学

前章では，ロボットの構造からヤコビ行列（あるいは基礎ヤコビ行列）を求める方法について議論しました．ヤコビ行列がわかれば，ある関節変位速度について，それによって実現される手先速度を求めることができます．これが微分順運動学です．本章では，逆に，手先速度が与えられたときに，これを実現するための関節変位速度を求める微分逆運動学について考え，そのときに問題になる特異姿勢と可操作性について議論します．さらに，位置に関する逆運動学と微分逆運動学の関係について触れ，解析的に解くことが難しい位置に関する逆運動学を，微分逆運動学を用いることで数値的に解く方法について述べます．

7.1 特異姿勢と可操作度

関節が速度 $\dot{\boldsymbol{q}}$ で動いているときの手先の速度は，ヤコビ行列を使って

$$\dot{\boldsymbol{r}} = \boldsymbol{J}_r(\boldsymbol{q})\dot{\boldsymbol{q}} \tag{7.1}$$

と書けます[1)]．これが微分順運動学です．各ベクトルの次元について，気を付けて見てみましょう．手先速度の次元を m とします．直鎖型（シリアル）ロボットの場合には，特に面倒な設定をしない限り $m \leq 6$ です．関節速度の次元（関節数）を n とすると，ヤコビ行列 $\boldsymbol{J}_r(\boldsymbol{q})$ のサイズは，$m \times n$ となります．手先座標の次元と関節数が一致しているときには $m = n$ となり，ヤコビ行列 $\boldsymbol{J}_r(\boldsymbol{q})$ は正方となりますが，関節の数の方が多い場合には $m < n$ となり，行列は横長になります（例えば，6.2 節の平面 3 自由度ロボットのヤコビ行列，式 (6.12) など）．これを，「作業に対してロボットの自由度が冗長である」といいます．

ヤコビ行列の行ベクトルがすべて独立ではないとき，言い換えれば，$\mathrm{rank}\boldsymbol{J}_r(\boldsymbol{q}) < m$ のときの $\boldsymbol{q}$ を，特異姿勢と呼びます．ロボットが特異姿勢にあるとき，手先位置・姿勢 $\boldsymbol{r}$ のある方向には，速度を出すことができません．平面 2 自由度ロボットの例を見

1) 以下，同様の議論は基礎ヤコビ行列 $\boldsymbol{v} = \boldsymbol{J}_v\dot{\boldsymbol{q}}$ についても成り立つことには気を付けておいてください．

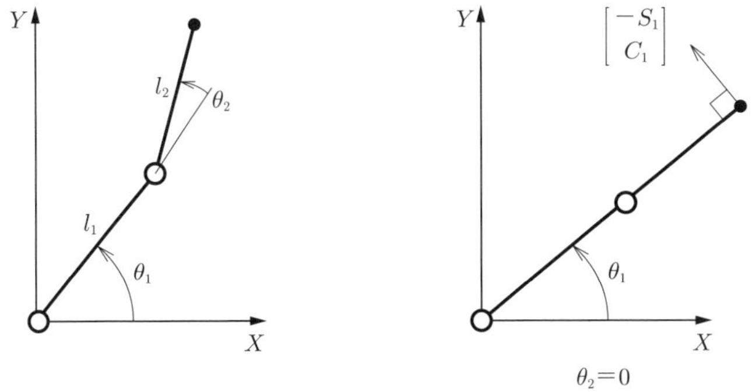

図 7.1：平面 2 自由度ロボットの特異姿勢

てみましょう（**図 7.1** 左）．このロボットについては

$$\begin{bmatrix} \dot{p}_x \\ \dot{p}_y \end{bmatrix} = \begin{bmatrix} -l_1S_1 - l_2S_{12} & -l_2S_{12} \\ l_1C_1 + l_2C_{12} & l_2C_{12} \end{bmatrix} \begin{bmatrix} \dot{\theta}_1 \\ \dot{\theta}_2 \end{bmatrix}$$

が，微分順運動学となります．そして特異姿勢は，この行列の 2 本の行ベクトルが独立でない，つまり，ヤコビ行列の行列式が 0 となるところです．ヤコビ行列 $\boldsymbol{J}_r$ の行列式 $\det\boldsymbol{J}_r$ は

$$\begin{aligned} \det\boldsymbol{J}_r &= (-l_1S_1 - l_2S_{12})\cdot(l_2C_{12}) - (-l_2S_{12})\cdot(l_1C_1 + l_2C_{12}) \\ &= l_1l_2(S_{12}C_1 - C_{12}S_1) \\ &= l_1l_2S_2 \end{aligned} \tag{7.2}$$

なので，$\theta_2 = 0, \pi$ のとき，ヤコビ行列の行ベクトルは従属になります．実際，$\theta_2 = 0$ を代入すると

$$\begin{aligned} \begin{bmatrix} \dot{p}_x \\ \dot{p}_y \end{bmatrix} &= \begin{bmatrix} -(l_1+l_2)S_1 & -l_2S_1 \\ (l_1+l_2)C_1 & l_2C_1 \end{bmatrix} \begin{bmatrix} \dot{\theta}_1 \\ \dot{\theta}_2 \end{bmatrix} \\ &= (l_1+l_2)\begin{bmatrix} -S_1 \\ C_1 \end{bmatrix}\dot{\theta}_1 + l_2\begin{bmatrix} -S_1 \\ C_1 \end{bmatrix}\dot{\theta}_2 \\ &= \begin{bmatrix} -S_1 \\ C_1 \end{bmatrix}\left\{(l_1+l_2)\dot{\theta}_1 + l_2\dot{\theta}_2\right\} \end{aligned} \tag{7.3}$$

となり，どんな $\dot{\theta}_1$，$\dot{\theta}_2$ を与えても，手先 $\dot{\boldsymbol{p}}$ は，ベクトル $\begin{bmatrix} -S_1 & C_1 \end{bmatrix}^T$ の方向にしか動かないことがわかります．これは，図 7.1 右でいえば，矢印の方向にしか速度を出

せないということを意味しています．

ロボットが特異姿勢にあるとき，作業座標系での手先速度のうち，ある方向に速度が出せなくなります．ここでの平面 2 自由度ロボットの例のように，冗長ではなく，ヤコビ行列 $\boldsymbol{J}_r$ が正方行列である場合には，その行列式 $\det\boldsymbol{J}_r$ が 0 のときが特異姿勢です．つまり，$\det\boldsymbol{J}_r$ が 0 から遠ければ遠いほど，ロボットは特異姿勢から遠いといえます．遠さとして絶対値を考えると

$$w = |\det\boldsymbol{J}_r| \tag{7.4}$$

が特異姿勢からどのくらい離れているかを示す指標と考えることができます．この式は，関節速度が，何倍されて手先速度に反映されるか，ということを示しているので，この値 w を，その姿勢における可操作度と呼びます．大雑把にいえば，式 (7.1) より，$\boldsymbol{J}_r$ の大きさである可操作度 $|\det\boldsymbol{J}_r|$ が大きければ大きいほど，同じ手先速度 $\dot{\boldsymbol{r}}$ を実現するために必要な関節速度 $\dot{\boldsymbol{q}}$ が小さくて済む，ということです．平面 2 自由度ロボットの場合，このロボットの可操作度は

$$|\det\boldsymbol{J}_r| = l_1 l_2 \, |S_2|$$

となり，$\theta_2 = 0, \pi$ のとき $w = 0$ となります．一方で，$\theta_2 = \pi/2$ のときには $w = l_1 l_2$ となり，可操作度 w がもっとも大きくなります．ここでは詳しい説明は省きますが，ロボットが冗長である場合，つまりヤコビ行列 $\boldsymbol{J}_r$ が正方でない場合には，可操作度は

$$w = \sqrt{\det\left[\boldsymbol{J}_r {\boldsymbol{J}_r}^T\right]} \tag{7.5}$$

と定義されます．

垂直型 6 自由度ロボットの特異姿勢についても考えてみましょう．基礎ヤコビ行列は，式 (6.60)

$$\boldsymbol{J}_v = \left[\begin{array}{ccc|ccc} -S_1(l_2C_2+l_3C_{23}) & C_1(-l_2S_2-l_3S_{23}) & -l_3C_1S_{23} & 0 & 0 & 0 \\ C_1(l_2C_2+l_3C_{23}) & S_1(-l_2S_2-l_3S_{23}) & -l_3S_1S_{23} & 0 & 0 & 0 \\ 0 & l_2C_2+l_3C_{23} & l_3C_{23} & 0 & 0 & 0 \\ \hline 0 & S_1 & S_1 & C_1C_{23} & C_1S_{23}S_4+S_1C_4 & -C_1S_{23}C_4S_5+C_1C_{23}C_5+S_1S_4S_5 \\ 0 & -C_1 & -C_1 & S_1C_{23} & S_1S_{23}S_4-C_1C_4 & -S_1S_{23}C_4S_5+S_1C_{23}C_5-C_1S_4S_5 \\ 1 & 0 & 0 & S_{23} & -C_{23}S_4 & C_{23}C_4S_5+S_{23}C_5 \end{array}\right]$$

でした．この基礎ヤコビ行列の上から 3 行の行ベクトルは，$\theta_2 = 0, \pi$，あるいは $l_2C_2 + l_3C_{23} = 0$ のときに独立でなくなり，特異姿勢となります．$\theta_2 = 0, \pi$ のときには，ひじが伸び切るか，反対にたたまれた姿勢になります（**図 7.2**（a））．このような

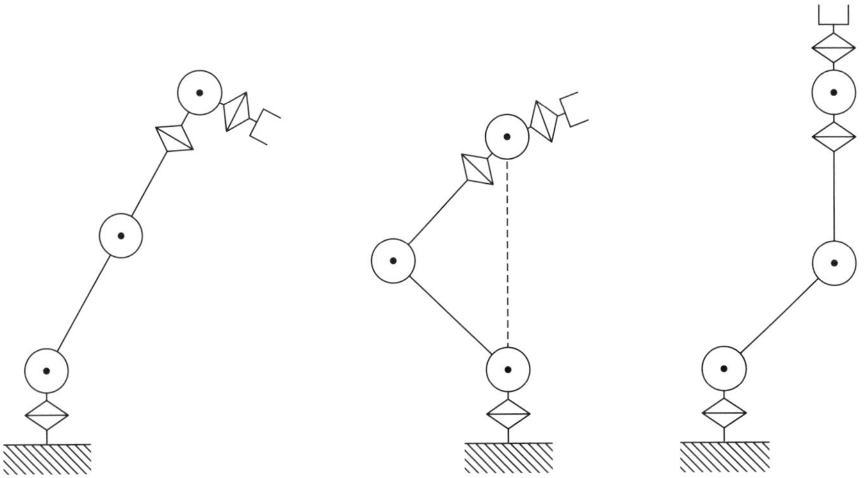

（a） ひじ特異姿勢　（b） 肩特異姿勢　（c） 手首特異姿勢

図 7.2：垂直型 6 自由度ロボットの特異姿勢

特異姿勢のことを，ひじ特異姿勢といいます（θ_2 は，人間でいうとひじに相当するため）．$l_2C_2 + l_3C_{23} = 0$ のときには，図 7.2（b）のように，θ_1 軸上に手首の関節がある場合で，肩特異姿勢と呼ばれます．

右下の 3 × 3 行列

$$\begin{bmatrix} C_1C_{23} & C_1S_{23}S_4 + S_1C_4 & -C_1S_{23}C_4S_5 + C_1C_{23}C_5 + S_1S_4S_5 \\ S_1C_{23} & S_1S_{23}S_4 - C_1C_4 & -S_1S_{23}C_4S_5 + S_1C_{23}C_5 - C_1S_4S_5 \\ S_{23} & -C_{23}S_4 & C_{23}C_4S_5 + S_{23}C_5 \end{bmatrix}$$

は $\theta_5 = 0$ のとき 1 列目と 3 列目が同じになり，正則でなくなります．したがって，$\theta_5 = 0$ のとき，独立でなくなるため，これもこのロボットの特異姿勢となります（図 7.2（c））．このような特異姿勢を，手首特異姿勢といいます．

ひじ特異姿勢は，ひじが伸び切ったところで起こるので，ロボットの可動範囲の「ふち」で起こる問題であり，ロボットが可動範囲内で動いている限り，そう大きな問題になりませんが，肩特異姿勢と手首特異姿勢は，可動範囲内でも起こるので，注意が必要です．

特異姿勢と可操作度は，可動範囲とともに，ロボットの作業座標系をどのように設計し，その中でロボットをどうやって動かすかを考えるときに重要な指標となります．また，特異姿勢は制御を考えるうえでも非常に重要です．次に，速度制御されたモータによって駆動されるロボットについて，微分逆運動学がどのように役に立つのかを見ていきましょう．

7.2 各軸速度制御による軌道制御

手先に目標軌道が与えられたとき，これを位置に関する逆運動学と微分逆運動学を使って関節の目標値，目標速度に変換することができます．各軸が速度制御されたモータで，得られた関節の目標値，目標速度を実現すれば，手先に与えられた目標軌道を実現することができます．システムの全体像を**図 7.3** に示します．5.1 節では，位置制御されたモータによって駆動されるロボットを考えましたが，ここでは，図中の破線で囲まれた「各軸速度フィードバックモジュール」に示されているように，各軸に速度制御コントローラが備えられていて，モータの変位速度が瞬時に入力 u_i となると考えてもよい状況であるとします．その場合，各軸のモデルは

$$\dot{q}_i = u_i \tag{7.6}$$

となります．このようなロボットを，作業座標系で与えられた目標値に沿って動かすことを考えます．各モータの入力を

$$u_i = \dot{q}_{id} + K_i \left(q_{id} - q_i \right) \tag{7.7}$$

とすると

$$\dot{q}_i = \dot{q}_{id} + K_i \left(q_{id} - q_i \right) \tag{7.8}$$

となります．誤差 $e_i \triangleq q_i - q_{id}$ で置き換えると

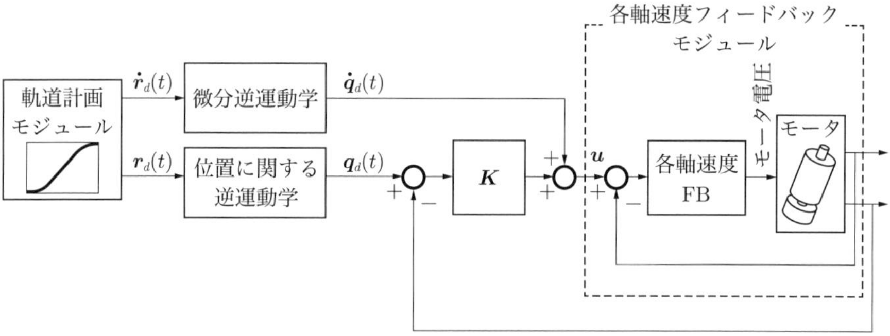

図 7.3：軌道計画，逆運動学，各軸の速度制御コントローラ

$$\dot{e}_i + K_i e_i = 0 \tag{7.9}$$

です．この微分方程式の解は，$e_i \propto \exp(-K_i t)$ となり，フィードバックゲイン K_i が正であれば，$e_i \to 0$，つまり，十分に時間がたったときに $q_i \to q_{id}$ とすることができます（1 次系と呼ばれます）．あとは，手先に与えられた目標軌道 $\boldsymbol{r}_d$ を実現するように，各関節の目標値 $\boldsymbol{q}_d$ を調整すればよいことになります．そして，$\boldsymbol{r}_d$ を実現する $\boldsymbol{q}_d$ を求める問題が，位置に関する逆運動学問題であり，$\dot{\boldsymbol{r}}_d$ を実現する $\dot{\boldsymbol{q}}_d$ を求める問題が，微分逆運動学問題です．

再び，図 7.3 を見てください．軌道計画モジュール，および位置に関する運動学，微分逆運動学については，ロボットを実際に動かす前に，あらかじめ「オフライン」で計算しておくことができることに注意してください．その結果，ロボットを動かすときには，式 (7.7) を計算するだけで済みます．非常に計算量が少ない上に，各関節ごとに独立に計算することができます．ロボットが動作途中に特異姿勢付近を通る場合には，オフラインで逆運動学問題を解くときに発散しないように，数値的に手当てをしておけば，制御時に不安定になることはありません．

平面 2 自由度ロボットについて，オフラインで必要な計算をまとめておきましょう．このロボットについては，これまで見てきたとおり，位置に関する運動学も，微分運動学も解析的に計算することができます．式 (1.3) より

$$\theta_{2d} = \cos^{-1}\frac{{p_{xd}}^2 + {p_{yd}}^2 - {l_1}^2 - {l_2}^2}{2l_1 l_2} \tag{7.10}$$

および，式 (1.7) より

$$\begin{bmatrix} C_1 \\ S_1 \end{bmatrix} = \frac{1}{{l_1}^2 + {l_2}^2 + 2l_1 l_2 C_2}\begin{bmatrix} l_1 + l_2 C_2 & l_2 S_2 \\ -l_2 S_2 & l_1 + l_2 C_2 \end{bmatrix}\begin{bmatrix} p_{xd} \\ p_{yd} \end{bmatrix} \tag{7.11}$$

ですから

$$\theta_{1d} = \mathrm{atan2}(-l_2 S_2 p_{xd} + (l_1 + l_2 C_2)p_{yd},\ (l_1 + l_2 C_2)p_{xd} + l_2 S_2 p_{yd}) \tag{7.12}$$

となります．ここまでが位置に関する逆運動学問題の解です．速度については

$$\begin{bmatrix} \dot{\theta}_{1d} \\ \dot{\theta}_{2d} \end{bmatrix} = \begin{bmatrix} -l_1 S_1 - l_2 S_{12} & -l_2 S_{12} \\ l_1 C_1 + l_2 C_{12} & l_2 C_{12} \end{bmatrix}^{-1}\begin{bmatrix} \dot{p}_{xd} \\ \dot{p}_{yd} \end{bmatrix} \tag{7.13}$$

となることは，今までの議論より明らかです．ひじの姿勢 θ_2 によって，答えが二つあることに注意してください．式 (7.10)，(7.12)，(7.13) によって，与えられた $\boldsymbol{p}_d =$

$\begin{bmatrix} p_{xd} & p_{yd} \end{bmatrix}^T$，$\dot{\boldsymbol{p}}_d$ を実現するための，関節軌道 $\boldsymbol{q}_d = \begin{bmatrix} \theta_{1d} & \theta_{2d} \end{bmatrix}^T$，$\dot{\boldsymbol{q}}_d$ を求めることができました．

平面 2 自由度ロボットの場合，冗長でないので，$\boldsymbol{J}_r$ は正方になり，特異姿勢の計算や，$\boldsymbol{J}_r$ の逆行列，そして，位置に関する逆運動学の計算も単純でした．より一般的な場合，与えられた作業座標系に対してロボットの関節数が冗長であるとき，微分逆運動学問題や，位置に関する逆運動学問題を解く方法について議論しましょう．

7.3 微分逆運動学

微分順運動学は，ヤコビ行列を使って，$\boldsymbol{v} = \boldsymbol{J}(\boldsymbol{q})\dot{\boldsymbol{q}}$ で与えられます．ここで，$\boldsymbol{v} = \dot{\boldsymbol{r}}$ の場合（姿勢の時間微分を速度とする場合），$\boldsymbol{J}$ はヤコビ行列，$\boldsymbol{v} = \begin{bmatrix} \dot{\boldsymbol{p}}^T & \boldsymbol{\omega}^T \end{bmatrix}^T$ の場合（角速度ベクトルを用いる場合），$\boldsymbol{J}$ は基礎ヤコビ行列となりますが，どちらの場合でも以下の議論は成り立つので，添え字を付けない表記を使っています．式 (7.14) から，$\boldsymbol{v}$ が与えられたときに，それを実現する $\dot{\boldsymbol{q}}$ を求める問題が，微分逆運動学問題です．ロボットが冗長でないときには，特異姿勢でない限り，前節と同じように，$\boldsymbol{J}$ の逆行列を計算することで，微分逆運動学問題を解くことができます．

$$\dot{\boldsymbol{q}} = [\boldsymbol{J}(\boldsymbol{q})]^{-1}\boldsymbol{v} \tag{7.14}$$

ロボットが冗長であるとき（$m < n$ のとき）には，与えられた $\boldsymbol{v}$ を実現するような $\dot{\boldsymbol{q}}$ は，無数に存在する可能性があるので，この中から一つを選ぶ必要があります．ラグランジュの未定乗数法を使うと，その中から $||\dot{\boldsymbol{q}}||$ がもっとも小さくなる解を選ぶことができます．$\boldsymbol{\lambda}$ を m 次元のラグランジュ未定乗数とすると，$\boldsymbol{v} - \boldsymbol{J}\dot{\boldsymbol{q}} = \boldsymbol{0}$ の制約の下で，$||\dot{\boldsymbol{q}}||$ を最小化する問題は

$$Q = \dot{\boldsymbol{q}}^T\dot{\boldsymbol{q}} + \boldsymbol{\lambda}^T(\boldsymbol{v} - \boldsymbol{J}\dot{\boldsymbol{q}}) \tag{7.15}$$

を最小化する問題に書き換えることができます．関数 Q の $\dot{\boldsymbol{q}}$ による偏微分を 0 とおくことで，関数を最小化する $\dot{\boldsymbol{q}}$ が満たす必要条件は

$$\frac{\partial Q}{\partial \dot{\boldsymbol{q}}} = 2\dot{\boldsymbol{q}} - \boldsymbol{J}^T\boldsymbol{\lambda} = \boldsymbol{0} \tag{7.16}$$

と求めることができます．これを元の制約式 $\boldsymbol{v} = \boldsymbol{J}\dot{\boldsymbol{q}}$ に代入すると

$$\boldsymbol{v} = \frac{1}{2}\boldsymbol{J}\boldsymbol{J}^T\boldsymbol{\lambda} \tag{7.17}$$

を得ます．特異姿勢でないときには，行列 $\boldsymbol{J}\boldsymbol{J}^T$ の逆行列が存在するので

$$\dot{\boldsymbol{q}} = \boldsymbol{J}^T \left(\boldsymbol{J}\boldsymbol{J}^T\right)^{-1} \boldsymbol{v} \tag{7.18}$$

となります．このときの右辺の係数行列は，疑似逆行列と呼ばれ

$$\boldsymbol{J}^+ = \boldsymbol{J}^T \left(\boldsymbol{J}\boldsymbol{J}^T\right)^{-1}$$

と書かれることもあります．ロボットが特異姿勢のときには，$k = \mathrm{rank}\boldsymbol{J}(< m)$ とし

$$\boldsymbol{J} = \boldsymbol{B}\boldsymbol{C} \tag{7.19}$$

ただし，$\boldsymbol{B} \in R^{m\times k}$，$\boldsymbol{C} \in R^{k\times n}$ となるようなフルランクの行列 $\boldsymbol{B}$，$\boldsymbol{C}$ を選ぶことで，疑似逆行列 $\boldsymbol{J}^+$ を

$$\boldsymbol{J}^+ = \boldsymbol{C}^T \left(\boldsymbol{C}\boldsymbol{C}^T\right)^{-1} \left(\boldsymbol{B}^T\boldsymbol{B}\right)^{-1} \boldsymbol{B}^T \tag{7.20}$$

と表すことができます．このような $\boldsymbol{B}$，$\boldsymbol{C}$ の選び方には任意性がありますが，どのような選び方をしても，疑似逆行列は同じになります．疑似逆行列には，$\boldsymbol{J}\boldsymbol{J}^+\boldsymbol{J} = \boldsymbol{J}$，$\boldsymbol{J}^+\boldsymbol{J}\boldsymbol{J}^+ = \boldsymbol{J}^+$ などの性質があることに気を付けておきましょう．

ロボットが特異姿勢付近を通過するとき，行列 $\boldsymbol{J}\boldsymbol{J}^T$ の行列式が非常に小さくなり，式 (7.18) の逆行列が過大になります．行列式の値がある程度以上小さくなったときには，$\boldsymbol{J}$ のランクが下がったとして，疑似逆行列の計算方法を (7.20) に切り替えればよいのですが，この切り替え付近では，どうしても数値的に不安定になりがちです．このような場合には，$\boldsymbol{v} - \boldsymbol{J}\dot{\boldsymbol{q}} = \boldsymbol{0}$ の制約の下で，$||\dot{\boldsymbol{q}}||$ を最小化する代わりに，両方の項を同等に扱って

$$Q = ||\boldsymbol{v} - \boldsymbol{J}\dot{\boldsymbol{q}}||^2 + \epsilon||\dot{\boldsymbol{q}}||^2 \tag{7.21}$$

を最小化する問題を解くことにすると，数値的により安定な答えを求めることができます．同じように Q が極値をとる必要条件 $\partial Q/\partial\dot{\boldsymbol{q}} = 0$ から

$$\begin{aligned}\dot{\boldsymbol{q}} &= \left(\boldsymbol{J}^T\boldsymbol{J} + \epsilon\boldsymbol{I}_n\right)^{-1} \boldsymbol{J}^T\boldsymbol{v} \\ &= \boldsymbol{J}^T \left(\boldsymbol{J}\boldsymbol{J}^T + \epsilon\boldsymbol{I}_m\right)^{-1} \boldsymbol{v}\end{aligned} \tag{7.22}$$

が得られます．ただし，$\boldsymbol{I}_i$ は，$i \times i$ の単位行列です．この解 (7.22) は，特異姿勢に近いときには，ϵ の項が数値的な発散を抑制する効果がありますが，特異姿勢から遠いときには，$\boldsymbol{v} - \boldsymbol{J}\dot{\boldsymbol{q}} = \boldsymbol{0}$ を満たす解ではなく，式 (7.21) を最小にする解を求めてしまうため，解の精度が下がります．そこで，特異姿勢から遠いときには ϵ を小さく，近いときには大きくとる，などの対策がとられます．

式 (7.18) は，$||\dot{\boldsymbol{q}}||$ を最小にする解でしたが，式 (7.14) を満足する $\dot{\boldsymbol{q}}$ の一般解は

$$\dot{\boldsymbol{q}} = \boldsymbol{J}^{+}\boldsymbol{v} - \left(\boldsymbol{I}_n - \boldsymbol{J}^{+}\boldsymbol{J}\right)\boldsymbol{k} \tag{7.23}$$

で与えられます．ここで，$\boldsymbol{I}_n$ は，$n \times n$ の単位行列，$\boldsymbol{k}$ は，n 次元の任意ベクトルで，このベクトルをどう決めても，必ず元の制約式 $\boldsymbol{v} = \boldsymbol{J}\dot{\boldsymbol{q}}$ を満たします．ベクトル $\boldsymbol{k}$ の係数 $\left(\boldsymbol{I}_n - \boldsymbol{J}^{+}\boldsymbol{J}\right)$ は，ランクが $(n - \mathrm{rank}\boldsymbol{J})$ の行列になります．これは「ロボットの自由度は n で，$\boldsymbol{v}$ を実現するのに $(\mathrm{rank}\boldsymbol{J})$ 自由度使われており，残り $(n - \mathrm{rank}\boldsymbol{J})$ 自由度が余っている状態を表しています．これは，手先速度 $\boldsymbol{v}$ を実現するのに $\dot{\boldsymbol{q}}$ が冗長である状態です．この残りの自由度を使う方法として，追加の作業座標系を考える方法と，ある評価関数をできるだけ大きくする方法が考えられます．このうち，追加の作業座標系を考える方法は，ヒューマノイドロボットなど，ロボットの構造が直鎖ではなく分岐がある場合に有効な方法です．ヒューマノイドロボットの姿勢生成などに効力を発揮しますが，本書の主な対象，直鎖型のロボットアームの運動制御からは少々逸脱するので，ここでは詳しく触れません．なお，分岐がある場合の逆運動学問題については，7.5 節で少し議論します．

もう一方の方法，ある評価関数を大きくする方法について述べましょう．実現したい手先速度 $\boldsymbol{v}$ を実現したうえで，$\boldsymbol{q}$ からなるある評価関数 $V(\boldsymbol{q})$ をできるだけ大きくする $\dot{\boldsymbol{q}}$ は，式 (7.23) の $\boldsymbol{k}$ を

$$\boldsymbol{k} = k_p \frac{\partial V(\boldsymbol{q})}{\partial \boldsymbol{q}} \tag{7.24}$$

とすることで実現できます．ここで，k_p は $V(\boldsymbol{q})$ をどのくらい大きくしたいかを決める正の定数です．例えば，$V(\boldsymbol{q})$ を

$$V(\boldsymbol{q}) = -(q_2 - q_{2d})^2 \tag{7.25}$$

ととると，実現したい手先速度 $\boldsymbol{v}$ を実現したうえで，関節変数 q_2 をできるだけ q_{2d} に近づけるような運動をさせることができます．あるいは，可操作性を利用して

$$V(\boldsymbol{q}) = \sqrt{\det\left[\boldsymbol{J}_r \boldsymbol{J}_r{}^{T}\right]} \tag{7.26}$$

とすると，実現したい手先速度 $\boldsymbol{v}$ を実現しながら，特異姿勢からできるだけ離れるような運動をさせることができます．

7.4 微分逆運動学を用いた逆運動学問題の解法（平面 2 自由度ロボットの場合）

平面 2 自由度ロボットの例の場合，位置に関する逆運動学の解 $\boldsymbol{q} = \boldsymbol{f}_r{}^{-1}(\boldsymbol{r})$ は，式 (7.10)，(7.12) のように閉じた形で求めることができます．しかし，一般に「位置に関する逆運動学問題」は，三角関数の入った複雑な関数となることが多いので，これを解析的に解くことが困難なケースがほとんどです．前章で見たように，垂直型 6 自由度ロボットのケースのような，手首 3 軸が直交するという条件を満たす場合には逆運動学問題を解析的に解くことができますが，いずれにせよそれぞれのケースについて，計算結果を求める必要があり，例えば，自由度が増えたり減ったりしたときに，自動的に対応するようなプログラムを組むことはできません．

一方で，基礎ヤコビ行列は，漸化的計算（一つ根元側のリンクの情報から，一つ手先側のリンクの情報を計算し，それを根元から手先に順次計算する方法）によって機械的に計算することができます．そして，計算されたヤコビ行列の逆行列を計算すること（微分逆運動学）は，運動学問題の逆問題を解くよりもはるかに簡単です．そこで，基礎ヤコビ行列（あるいはヤコビ行列）を使って，運動学問題を解くことができないかを考えてみましょう．

まずは，平面 2 自由度ロボットについて，逆運動学問題を直接解かずに，ヤコビ行列を使って繰り返し計算で解く方法を考えましょう．何度も見てきたように，平面 2 自由度ロボットの順運動学は

$$\boldsymbol{p} = \begin{bmatrix} l_1C_1 + l_2C_{12} \\ l_1S_1 + l_2S_{12} \end{bmatrix} \tag{7.27}$$

です．この式を直接解かず，$\boldsymbol{p}$ が与えられたときに，関数 $\boldsymbol{e}$ について

$$\boldsymbol{e}(\boldsymbol{q}) = \boldsymbol{p} - \begin{bmatrix} l_1C_1 + l_2C_{12} \\ l_1S_1 + l_2S_{12} \end{bmatrix} = \boldsymbol{0} \tag{7.28}$$

となる $\boldsymbol{q}$ を求める問題だと考えます．いま，真の解ではないけれども，暫定的な解が $\bar{\boldsymbol{q}}$ であるとして，ここから解を探索することにしましょう．真の解はこの暫定的な解からさほど離れてないとして，$\bar{\boldsymbol{q}} + \Delta\boldsymbol{q}$ だとします．真の解は

$$\boldsymbol{e}(\bar{\boldsymbol{q}} + \Delta\boldsymbol{q}) = \boldsymbol{0} \tag{7.29}$$

を満たします．$\Delta\boldsymbol{q}$ が小さいとして，この式の左辺をテーラー展開し，1 次の項までを

残すと

$$\boldsymbol{e}(\bar{\boldsymbol{q}}) + \frac{\partial \boldsymbol{e}}{\partial \boldsymbol{q}^T}\Delta \boldsymbol{q} = \boldsymbol{0} \tag{7.30}$$

となります．この式から，修正量は

$$\Delta \boldsymbol{q} = -\left[\frac{\partial \boldsymbol{e}}{\partial \boldsymbol{q}^T}\right]^{-1} \boldsymbol{e}(\bar{\boldsymbol{q}}) \tag{7.31}$$

と計算されることになります．このような方法を，数値計算の分野では，ニュートン・ラプソン法と呼びます．式 (7.28) を見るとわかるように

$$\left[\frac{\partial \boldsymbol{e}}{\partial \boldsymbol{q}^T}\right] = -\boldsymbol{J} \tag{7.32}$$

ですので，式 (7.31) は

$$\Delta \boldsymbol{q} = \boldsymbol{J}(\bar{\boldsymbol{q}})^{-1}\boldsymbol{e}(\bar{\boldsymbol{q}}) \tag{7.33}$$

となります．平面 2 自由度ロボットの場合，特異姿勢は，可動範囲の「ふち」と同じですので，目標となる $\boldsymbol{p}$ が可動範囲内で与えられている限り，上式の逆行列は存在することに気を付けておきましょう．つまり，式 (7.27) を直接解かなくても，

（1） $\boldsymbol{q}$ の適当な初期値 $\bar{\boldsymbol{q}}$ を決める．

（2） $\boldsymbol{e}(\bar{\boldsymbol{q}})$ が十分小さければ終了，そうでなければ次の修正ステップに進む．

（3） $\bar{\boldsymbol{q}} \leftarrow \bar{\boldsymbol{q}} + [\boldsymbol{J}(\bar{\boldsymbol{q}})]^{-1}\boldsymbol{e}(\bar{\boldsymbol{q}})$ と修正，（2）に戻る．

という手続きをとることで，式 (7.28)，$\boldsymbol{e}(\boldsymbol{q}) = \boldsymbol{0}$ の答えを求めることができます．ここで必要なのは，位置に関する順運動学 $\boldsymbol{e}(\bar{\boldsymbol{q}})$ の計算と，ヤコビ行列 $\boldsymbol{J}(\bar{\boldsymbol{q}})$ の逆行列であることに注意しておいてください．このように，平面 2 自由度ロボットの場合，特異姿勢でない限り，順運動学とヤコビ行列の逆行列とがわかっていれば，逆運動学問題を繰り返し計算で解くことができます．

以下の 3 つの条件が満たされるとき，これと同じ方法で解を求めることができることがわかっています．

（1） 作業座標の次元 m と，ロボットの自由度 n が一致している．

（2） 逆運動学問題が解を持つ．

（3） ヤコビ行列が常に正則である．

平面 2 自由度ロボットの場合，可動範囲の内側に目標手先位置があるときには，この 3 つの条件を満たすので，解を求めることができることがわかります．

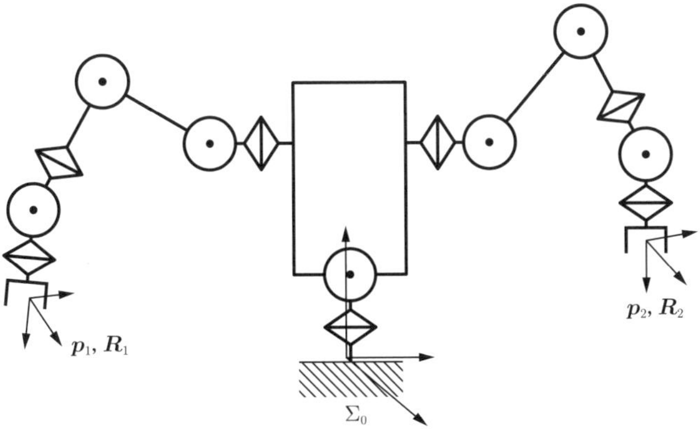

図 7.4：一般的な逆運動学問題

7.5 微分逆運動学を用いた逆運動学問題の解法（一般の場合）

平面 2 自由度ロボットのような単純な場合には，上記の 3 つの条件が成立しますが，問題を一般化すると，例えば，多自由度ロボットや，リンクの分岐のあるヒューマノイドロボットでは，これらの条件がかならずしも成立しません．ここでは，これらの条件が成立しない，複雑なロボットの逆運動学問題を，微分逆運動学問題を使って解く方法について考えてみましょう．

本節では，例えば**図 7.4** の上半身ヒューマノイドロボットのように，分岐があったり，ロボットが冗長（与えられた作業座標系の数に対して，必要数を超える関節数がある場合）であったり過少（与えられた関節では作業を実現することができない場合）であったりするような，一般的な問題を扱います[2)]．図 7.4 のヒューマノイドロボットは，6 自由度の腕が 2 本と，2 自由度の体幹を持っています．両腕の手先の位置と姿勢を作業座標とすると，全体の自由度 $n = 14$ に対して，両腕の手先の位置と姿勢 $m = 6 \times 2 = 12$ を決める問題になります．このようなロボットの場合，各腕に特異姿勢があることはすでに触れていますが，それ以外にも，いろいろなところに特異姿勢が存在する可能性があり，前もって設計者が，特異姿勢を避けながら手先の目標軌道を作ることが，きわめて難しいことに気を付けておきましょう．

2)　一見すると，関節の数だけの問題に見えますが，そうではないことに注意しておきましょう．冗長だが過少という，おかしな状況も存在するということです．例えば，7 自由度ロボットが特異姿勢にある場合，手先のある方向に速度が出せなくなるとすると，関節数という意味では冗長ですが，ある方向の手先速度を出すことができない，という意味で過少となります．

それぞれの腕に関して，位置に関する作業座標，姿勢に関する作業座標を目標値に一致させることを考えます．このシステムくらい複雑になると，姿勢の記述については，解析的な計算を必要とせず，漸化的計算で求めることができる基礎ヤコビ行列 $\boldsymbol{J}_v$ を使った方が有利です．そのために，回転行列 $\boldsymbol{R}$ の「誤差」について考えることとします．アーム 1 の手先の位置・姿勢について

$$\boldsymbol{e}_1 = \begin{bmatrix} \boldsymbol{p}_{1d} - \boldsymbol{p}_1(\boldsymbol{q}) \\ \boldsymbol{g}(\boldsymbol{R}_{1d}\boldsymbol{R}_1(\boldsymbol{q})^T) \end{bmatrix} \tag{7.34}$$

と誤差ベクトルを定義します．ここで，$\boldsymbol{g}$ は，回転行列の一致性を評価する関数で，例えば

$$\boldsymbol{g}(\boldsymbol{A}) \triangleq \frac{\mathrm{atan2}\,(||\boldsymbol{l}||, a_{11} + a_{22} + a_{33} - 1)}{||\boldsymbol{l}||}\boldsymbol{l} \tag{7.35}$$

ただし

$$\boldsymbol{l} \triangleq \begin{bmatrix} a_{32} - a_{23} \\ a_{13} - a_{31} \\ a_{21} - a_{12} \end{bmatrix} \tag{7.36}$$

のような関数を使います（a_{ij} は行列 $\boldsymbol{A}$ の要素）．アーム 2 についても，同様の作業座標の誤差 $\boldsymbol{e}_2$ を定義できます．この例では，アーム 1，2 についての誤差 $\boldsymbol{e}_1$，$\boldsymbol{e}_2$ を集めたものを，$\boldsymbol{e}$ とすればよいですが，一般的には，このような作業座標を k 個（k は実現したい作業を記述するすべての座標系の数）集めたものを

$$\boldsymbol{e}(\boldsymbol{q}) = \begin{bmatrix} \boldsymbol{e}_1(\boldsymbol{q})^T & \boldsymbol{e}_2(\boldsymbol{q})^T & \cdots & \boldsymbol{e}_k(\boldsymbol{q})^T \end{bmatrix}^T \tag{7.37}$$

とします．

2 自由度ロボットアームの場合と同様に，暫定的な解 $\bar{\boldsymbol{q}}$ から始めて，修正量 $\Delta\boldsymbol{q}$ を求めましょう．式 (7.30) より

$$\begin{aligned} \boldsymbol{e}(\bar{\boldsymbol{q}}) &= -\frac{\partial \boldsymbol{e}}{\partial \boldsymbol{q}^T}\Delta\boldsymbol{q} \\ &= \boldsymbol{J}_v\Delta\boldsymbol{q} \end{aligned} \tag{7.38}$$

でした．この式を，式 (7.14) と同じように疑似逆行列を使って解くのですが，$\boldsymbol{e}$ のうち，どの要素を優先的に 0 に近づけるかを決める重み行列

$$\boldsymbol{W} = \begin{bmatrix} w_1 & & & \\ & w_2 & & \\ & & \ddots & \\ & & & w_m \end{bmatrix} \tag{7.39}$$

をかけます．この行列 $\boldsymbol{W}$ を使うと，例えば回転要素に対応する重みを $w_i = 1/2\pi$ とすることで，並進と回転のバランスを考えることができます．(7.38) の両辺に $\boldsymbol{J}_v{}^T\boldsymbol{W}$ をかけると

$$\boldsymbol{J}_v{}^T\boldsymbol{W}\boldsymbol{e}(\bar{\boldsymbol{q}}) = \boldsymbol{J}_v{}^T\boldsymbol{W}\boldsymbol{J}_v\Delta\boldsymbol{q} \tag{7.40}$$

が得られます．ここから，修正量 $\Delta\boldsymbol{q}$ は

$$\Delta\boldsymbol{q} = \left[\boldsymbol{J}_v{}^T\boldsymbol{W}\boldsymbol{J}_v\right]^{-1}\boldsymbol{J}_v{}^T\boldsymbol{W}\boldsymbol{e}(\bar{\boldsymbol{q}}) \tag{7.41}$$

となります．この変形では，行列 $\boldsymbol{J}_v{}^T\boldsymbol{W}\boldsymbol{J}_v$ の逆行列を乱暴に使っていますが，$\boldsymbol{J}_v$ が特異姿勢に近づくと，この計算は数値的に発散します．単体の垂直型 6 自由度ロボットの場合でも，可動範囲の内側に特異姿勢が存在するのですから，このような複雑なロボットが，可動範囲にどのような特異姿勢があるかを完全に予測することは，かなり面倒です．そこで，式 (7.22) と同じように考えて，発散を防ぐ行列 $\epsilon\boldsymbol{I}_n$ を加えた

$$\Delta\boldsymbol{q} = \left[\boldsymbol{J}_v{}^T\boldsymbol{W}\boldsymbol{J}_v + \epsilon\boldsymbol{I}_n\right]^{-1}\boldsymbol{J}_v{}^T\boldsymbol{W}\boldsymbol{e}(\bar{\boldsymbol{q}}) \tag{7.42}$$

を修正量とすることによって，特異姿勢近傍の発散を防ぐことができます．この方法はレーベンバーグ・マルカート法と呼ばれる，数値的に逆運動学問題を解くときの，もっとも安定な方法の一つです．

7.6 本章のまとめ

第 7 章，微分運動学のまとめは以下の通りです．

（1） ヤコビ行列の行ベクトルが独立でないとき，ロボットは特異姿勢にあるといい，作業座標系の特定の方向に速度を出すことができない．

（2） 速度制御されたモータによって駆動されるロボットは，ヤコビ行列を使って関節目標値を計算することで，作業座標系での目標軌道に追従するよう制御することができる．

（3）　微分運動学を用いると，位置に関する運動学問題を解析的に解くことを避け，運動を計算することができるが，特異姿勢付近では，数値的に安定な解を求めるために工夫が必要である．

8 ヤコビ行列を利用した制御

前章では，ヤコビ行列（あるいは微分運動学）を使って，手先の速度を各関節の速度に変換する，あるいは，逆運動学問題を解いて，手先の位置・姿勢を関節変位に変換する方法について学んできました．本章では，ヤコビ行列を直接フィードバックゲインに含めて制御する方法について触れます．ヤコビ行列をゲインに含めると，ロボットの姿勢が変わることによるフィードバックの効果の変化を抑えることができます．まず，速度を用いた制御としてもっとも一般的な制御則である分解速度制御について触れます．そのあと，作業座標系として画像平面を考えると，ビジュアルサーボと呼ばれる画像フィードバックを構成できることを示します．後半では，仮想仕事の原理を使って，ヤコビ行列が静力学的な関係式を作るのに重要な役割を果たすことを示し，これを応用したコンプライアンス制御と，位置と力のハイブリッド制御を紹介します．いずれの方策にも，ヤコビ行列を含んだフィードバックゲインが用いられていることに注目してください．

8.1 分解速度制御による軌道制御

7.2 節では，各軸が速度制御されているロボットについて，軌道計画された手先座標から，オフラインで関節変位・速度への変換を行い，各軸ごとのフィードバック入力を計算する方法について述べました．この方法の場合，ロボットを実際に動かすときには（オンラインでは），各軸ごとに目標値に対する誤差からフィードバックの値を計算するだけになるので，計算量が非常に少なくなります．また，関節変位の誤差をその関節自身にフィードバックするので，パラメータの推定誤差による制御の不安定化，といった実際の問題につながりにくい，という特徴もあります[1)]．一方で，関節空間

1) モータにフィードバックをかけるとき，フィードバックのために，モータの変位を測るセンサを使いますが，そのセンサをモータと同じ場所に付けることを「モータとセンサのコロケーション」といいます．一般に，センサとモータのコロケーションが成立していると，していない場合に比べてフィードバックゲインを大きくとることができます．

での収束特性 (7.9) は，K_i を調整することにより決められますが，手先位置・姿勢空間での収束特性は，決めることはできません．

本節では，手先位置・姿勢空間での目標値への収束特性を決めることができるような方法として，分解速度制御を紹介します．分解速度制御では，手先の速度から関節速度への分配が，微分逆運動学を用いてオンラインで行われます．前章での制御方法では，オフラインで位置に関する逆運動学問題を解く必要がありましたが，分解速度制御の場合，位置に関する逆運動学問題を解く必要はありません．

式 (7.6) で説明したのと同じように，ロボットの各軸が速度制御されているとします．

$$\dot{\boldsymbol{q}} = \boldsymbol{u} \tag{8.1}$$

ただし，ここでは式 (7.9) のように，各軸の変位 q_i に関する誤差 e_i が 1 次系として 0 に収束するのではなく，手先位置・姿勢に関する誤差が 0 に収束するように，制御則を設計します．手先の位置・姿勢 $\boldsymbol{r}$ に対する目標軌道 $\boldsymbol{r}_d$ が与えられているときに，$\boldsymbol{r}$ が $\boldsymbol{r}_d$ に 1 次系として収束するには

$$\dot{\boldsymbol{r}} - \dot{\boldsymbol{r}}_d + \boldsymbol{K}_p(\boldsymbol{r} - \boldsymbol{r}_d) = \boldsymbol{0} \tag{8.2}$$

となる必要があります．ここで，$\boldsymbol{K}_p$ は，正の定数 $k_{pi} > 0$（$i = 1, \cdots, m$）を対角に並べた行列

$$\boldsymbol{K}_p = \begin{bmatrix} k_{p1} & 0 & & 0 \\ 0 & k_{p2} & & 0 \\ & & \ddots & \\ 0 & 0 & & k_{pn} \end{bmatrix}$$

とします．手先速度 $\dot{\boldsymbol{r}}$ は

$$\dot{\boldsymbol{r}} = \boldsymbol{J}_r \dot{\boldsymbol{q}}$$

なので，式 (8.2) に代入すると

$$\boldsymbol{J}_r \dot{\boldsymbol{q}} = \dot{\boldsymbol{r}}_d - \boldsymbol{K}_p(\boldsymbol{r} - \boldsymbol{r}_d)$$

となります．ロボットが冗長ではなく，特異姿勢でもないときには，$\boldsymbol{J}_r$ の逆行列が存在するので

$$\boldsymbol{u} = \boldsymbol{J}_r{}^{-1}\{\dot{\boldsymbol{r}}_d - \boldsymbol{K}_p(\boldsymbol{r} - \boldsymbol{r}_d)\} \tag{8.3}$$

を各関節の速度指令として与えれば，手先位置・姿勢の特性を式 (8.2) のようにすることができます．この制御則は，手先速度の目標値 $\dot{\boldsymbol{r}}_d$ を，現在の手先位置・姿勢の誤差にフィードバックをかけた項 $\boldsymbol{K}_p(\boldsymbol{r}-\boldsymbol{r}_d)$ によって「修正」し（式 (8.3) の右辺 $\{\quad\}$ 内を修正目標速度と呼びます），それを，ヤコビ行列 $\boldsymbol{J}_r$ の逆行列によって各関節の速度指令値に分解する，という意味で，分解速度制御と呼ばれています．

通常，手先位置・姿勢は直接測ることができないので，$\boldsymbol{r}$ は，順運動学によって計算される値を使います．つまり，分解速度制御は，オンラインで，順運動学と，微分逆運動学（ヤコビ行列の逆行列）を使うことで実現できます．前章で，位置に関する逆運動学問題を，順運動学と微分逆運動学によって解く方法を紹介しましたが，原理的にはそれと同じことをしています．そのため，特異姿勢付近では，例えば前章で紹介したようなレーベンバーグ・マルカート法を利用して，速度制御されたロボット (8.1) に対する入力を

$$\boldsymbol{u}=\left[\boldsymbol{J}_r{}^T\boldsymbol{W}\boldsymbol{J}_r+\epsilon\boldsymbol{I}_n\right]^{-1}\boldsymbol{J}_r{}^T\boldsymbol{W}\left\{\dot{\boldsymbol{r}}_d-\boldsymbol{K}_p(\boldsymbol{r}-\boldsymbol{r}_d)\right\} \tag{8.4}$$

とすることもできます．しかし，その挙動は前章でも見たように，与えられた作業に対してロボットが冗長であるかどうか，あるいは特異姿勢近傍を通るかどうかによって大きく変わるため，注意が必要です．

8.2 画像特徴ベースビジュアルサーボ

ヤコビ行列を用いた制御として，カメラを用いたビジュアルサーボを紹介します．ビジュアルサーボでは，ロボットの手先にカメラが取り付けられている場合と，カメラがロボットの手先を観測している場合のどちらも取り扱うことができますが，ここでは，ロボットの手先にカメラが取り付けられているような場合（**図 8.1**）について説明します．

画像処理における画像特徴量とは，例えば，画像内での注目点の座標，注目線分の長さ，注目領域の面積など，画像内で観察される注目対象に関する量のことです．以下，本書では，このような画像特徴量のうち，注目点の画像内での座標について述べていると考えてください（ただし，ここでの式展開は，それ以外の種類の特徴量にも，基本的に拡張可能です）．

ビジュアルサーボは，大きく位置ベース・ビジュアルサーボと画像特徴ベース・ビジュアルサーボに分けられます．前者の位置ベース・ビジュアルサーボは，観測され

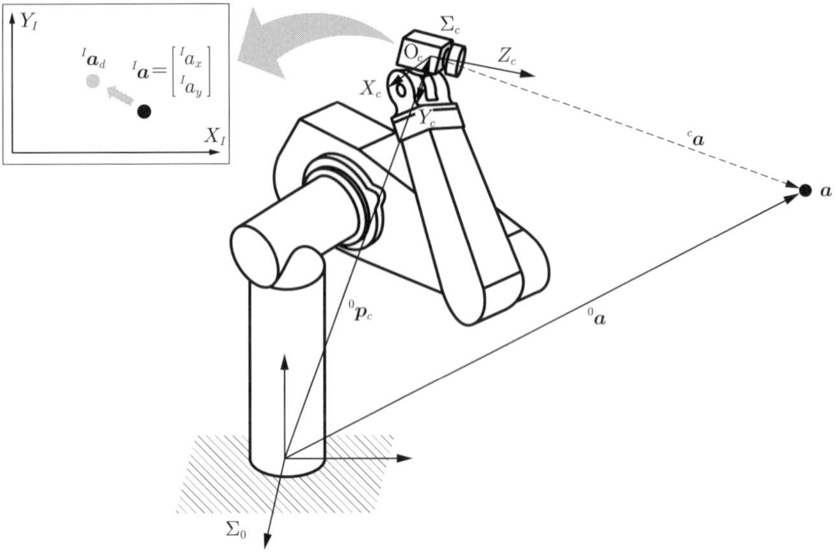

図 8.1：6 自由度ロボットの先端にカメラが取り付けられており，そのカメラによって地面に固定された画像特徴（点 $\boldsymbol{a}$）を観測している．ビジュアルサーボでは，この特徴点を望みの見え方になるように，ロボットを動かす．

る画像特徴量から，ロボットの先端に付けられたカメラの現在の位置・姿勢を計算し，これを望みのカメラ位置に移動するような方策です．基本的にこれまで見た，逆運動学問題に基づく制御（例えば，前節で扱った分解速度制御）とほとんど変わりがありません．一方で，後者の画像特徴ベース・ビジュアルサーボについて，画像に関するヤコビ行列（後述します）がフィードバックゲインに関与するので，ここでヤコビ行列の応用として取り上げることにします．

図 8.1 は，6 自由度ロボットの先端にカメラを取り付け，そのカメラで，空間内に固定された点 $\boldsymbol{a}$ を観測している様子です（以降，この点を画像特徴点と呼びます）．左上が見えている画像です．見えている画像特徴点 ${}^I\boldsymbol{a}$ を，望みの見え方 ${}^I\boldsymbol{a}_d$ になるようにロボットを動かすことが，ここでの作業になります．カメラの焦点を原点 O_c とし，光軸方向を Z_c 軸とするようなカメラ座標系 Σ_c をカメラに固定します．画像にも，図のように X_I 軸，Y_I 軸を設定し，その方向に応じて，カメラにも X_c 軸，Y_c 軸を設定します．このカメラ座標系 Σ_c の原点 O_c から特徴点までのベクトルを ${}^c\boldsymbol{a}$ とします．このベクトルは，ロボットの基準座標系 Σ_0 の原点ではなく，カメラ座標系 Σ_c

の原点からのベクトルであることに注意しておいてください．

基準座標系 Σ_0 から見た ${}^0\boldsymbol{a}$ ベクトルは，${}^c\boldsymbol{a}$ がカメラ座標系 Σ_c に対する相対位置で定義されているので

$$
{}^0\boldsymbol{a} = {}^0\boldsymbol{p}_c + {}^0\boldsymbol{R}_c{}^c\boldsymbol{a} \tag{8.5}
$$

となります．ここで，${}^0\boldsymbol{p}_c$ はカメラ座標系 Σ_c の原点 O_c を Σ_0 から見たもの，${}^0\boldsymbol{R}_c$ は，カメラ座標系 Σ_c の Σ_0 に対する姿勢の回転行列です．この式を微分すると

$$
{}^0\dot{\boldsymbol{a}} = {}^0\dot{\boldsymbol{p}}_c + {}^0\boldsymbol{R}_c{}^c\dot{\boldsymbol{a}} + {}^0\boldsymbol{\omega}_c \times \left({}^0\boldsymbol{R}_c{}^c\boldsymbol{a}\right) \tag{8.6}
$$

となります（回転行列の微分が外積になることは，第 6 章，式 (6.16) を参照してください）．この特徴点 $\boldsymbol{a}$ が，地面に固定されている，つまり ${}^0\dot{\boldsymbol{a}} = \boldsymbol{0}$ と考えましょう．すると，式 (8.6) は

$$
{}^0\boldsymbol{R}_c{}^c\dot{\boldsymbol{a}} = -{}^0\dot{\boldsymbol{p}}_c - {}^0\boldsymbol{\omega}_c \times \left({}^0\boldsymbol{R}_c{}^c\boldsymbol{a}\right) \tag{8.7}
$$

と変形することができます．両辺に ${}^0\boldsymbol{R}_c{}^T$ をかけると

$$
{}^c\dot{\boldsymbol{a}} = -{}^0\boldsymbol{R}_c{}^{T\,0}\dot{\boldsymbol{p}}_c - \left({}^0\boldsymbol{R}_c{}^{T\,0}\boldsymbol{\omega}_c\right) \times {}^c\boldsymbol{a} \tag{8.8}
$$

と変形できます[2]．見通しをよくするために，要素に書き下してみましょう．カメラ座標系から見た特徴点の 3 次元位置を ${}^c\boldsymbol{a} = \begin{bmatrix} {}^ca_x & {}^ca_y & {}^ca_z \end{bmatrix}^T$, 基準座標系に対するカメラ座標系の速度をカメラ座標系から見たものを ${}^0\boldsymbol{R}_c{}^{T\,0}\dot{\boldsymbol{p}}_c = \begin{bmatrix} v_x & v_y & v_z \end{bmatrix}^T$, 基準座標系に対するカメラ座標系の角速度をカメラ座標系から見たものを ${}^0\boldsymbol{R}_c{}^{T\,0}\boldsymbol{\omega}_c = \begin{bmatrix} \omega_x & \omega_y & \omega_z \end{bmatrix}^T$ とすると，式 (8.8) は

$$
\begin{aligned}
\begin{bmatrix} {}^c\dot{a}_x \\ {}^c\dot{a}_y \\ {}^c\dot{a}_z \end{bmatrix} &= -\begin{bmatrix} v_x \\ v_y \\ v_z \end{bmatrix} - \begin{bmatrix} \omega_x \\ \omega_y \\ \omega_z \end{bmatrix} \times \begin{bmatrix} {}^ca_x \\ {}^ca_y \\ {}^ca_z \end{bmatrix} = \begin{bmatrix} -v_x - \omega_y{}^ca_z + \omega_z{}^ca_y \\ -v_y - \omega_z{}^ca_x + \omega_x{}^ca_z \\ -v_z - \omega_x{}^ca_y + \omega_y{}^ca_x \end{bmatrix} \\
&= \begin{bmatrix} -1 & 0 & 0 & 0 & -{}^ca_z & {}^ca_y \\ 0 & -1 & 0 & {}^ca_z & 0 & -{}^ca_x \\ 0 & 0 & -1 & -{}^ca_y & {}^ca_x & 0 \end{bmatrix} \begin{bmatrix} v_x \\ v_y \\ v_z \\ \omega_x \\ \omega_y \\ \omega_z \end{bmatrix}
\end{aligned} \tag{8.9}
$$

2) この変形には，$\boldsymbol{R}(\boldsymbol{a} \times \boldsymbol{b}) = (\boldsymbol{R}\boldsymbol{a}) \times (\boldsymbol{R}\boldsymbol{b})$ という関係を使っています．

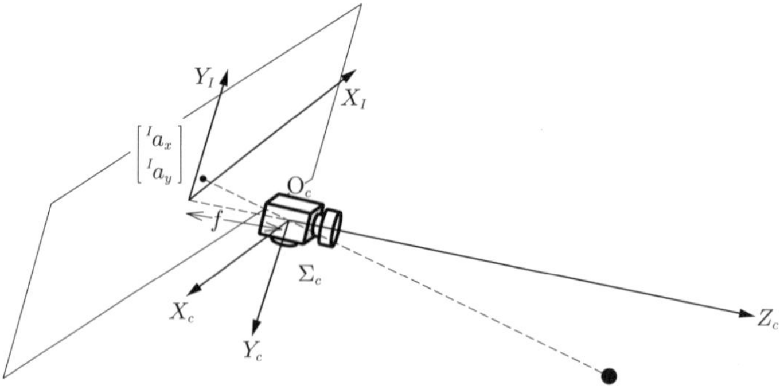

$$\frac{{}^I a_x}{f} = \frac{{}^c a_x}{{}^c a_z} \qquad \frac{{}^I a_y}{f} = \frac{{}^c a_y}{{}^c a_z} \qquad {}^c\boldsymbol{a} = \begin{bmatrix} {}^c a_x \\ {}^c a_y \\ {}^c a_z \end{bmatrix}$$

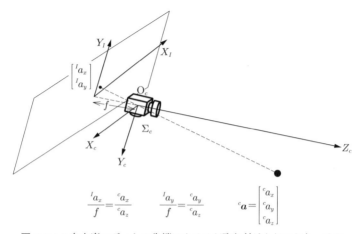

図 8.2：6 自由度ロボットの先端にカメラが取り付けられており，そのカメラによって地面に固定された画像特徴量を観測している．

となります．

次に，${}^c\boldsymbol{a}$ と，この点の画像内の座標 ${}^I\boldsymbol{a}$ の関係について考えましょう．**図 8.2** に示すように，画像は，焦点（図中では Σ_c の原点）を通って，画像平面 $X_I Y_I$ に投影されています．カメラの焦点距離，図中では，カメラ原点 O_c から画像平面までの距離を f とすると，三角形の相似関係から

$$\begin{bmatrix} {}^I a_x \\ {}^I a_y \end{bmatrix} = \begin{bmatrix} f \dfrac{{}^c a_x}{{}^c a_z} \\ f \dfrac{{}^c a_y}{{}^c a_z} \end{bmatrix} \tag{8.10}$$

となります．この両辺を微分すると

$$\begin{bmatrix} {}^I \dot{a}_x \\ {}^I \dot{a}_y \end{bmatrix} = f \begin{bmatrix} \dfrac{1}{{}^c a_z} & 0 & -\dfrac{{}^c a_x}{{}^c a_z{}^2} \\ 0 & \dfrac{1}{{}^c a_z} & -\dfrac{{}^c a_y}{{}^c a_z{}^2} \end{bmatrix} \begin{bmatrix} {}^c \dot{a}_x \\ {}^c \dot{a}_y \\ {}^c \dot{a}_z \end{bmatrix} \tag{8.11}$$

となります．式 (8.11) に式 (8.9) を代入すると

$$\begin{bmatrix} {}^I\dot{a}_x \\ {}^I\dot{a}_y \end{bmatrix}$$

$$= f\begin{bmatrix} -\dfrac{1}{{}^c a_z} & 0 & \dfrac{{}^c a_x}{{}^c a_z}\dfrac{1}{{}^c a_z} & \dfrac{{}^c a_x}{{}^c a_z}\dfrac{{}^c a_y}{{}^c a_z} & -\left(1+\dfrac{{}^c a_x{}^2}{{}^c a_z{}^2}\right) & \dfrac{{}^c a_y}{{}^c a_z} \\ 0 & -\dfrac{1}{{}^c a_z} & \dfrac{{}^c a_y}{{}^c a_z}\dfrac{1}{{}^c a_z} & 1+\dfrac{{}^c a_y{}^2}{{}^c a_z{}^2} & -\dfrac{{}^c a_x}{{}^c a_z}\dfrac{{}^c a_y}{{}^c a_z} & -\dfrac{{}^c a_x}{{}^c a_z} \end{bmatrix}\begin{bmatrix} v_x \\ v_y \\ v_z \\ \omega_x \\ \omega_y \\ \omega_z \end{bmatrix}$$

$$= \begin{bmatrix} -f\dfrac{1}{{}^c a_z} & 0 & {}^I a_x\dfrac{1}{{}^c a_z} & \dfrac{1}{f}{}^I a_x{}^I a_y & -\left(f+\dfrac{1}{f}{}^I a_x{}^2\right) & {}^I a_y \\ 0 & -f\dfrac{1}{{}^c a_z} & {}^I a_y\dfrac{1}{{}^c a_z} & f+\dfrac{1}{f}{}^I a_y{}^2 & -\dfrac{1}{f}{}^I a_x{}^I a_y & -{}^I a_x \end{bmatrix}\begin{bmatrix} v_x \\ v_y \\ v_z \\ \omega_x \\ \omega_y \\ \omega_z \end{bmatrix} \tag{8.12}$$

となります．右辺の行列の中身は，焦点距離 f（定数），画像内の特徴点の座標 ${}^I a_x$, ${}^I a_y$（計測可能），と，カメラ原点 O_c から特徴点までの z 方向の距離 ${}^c a_z$ です．${}^c a_z$ 以外は既知または計測可能なので，${}^c a_z$ が何らかの方法で与えられれば，この行列は既知です．この行列は，画像ヤコビ行列と呼ばれます．式 (8.12) は，特徴点 1 点についての式であり

$${}^I\dot{\boldsymbol{a}}_i = \boldsymbol{J}_{Ii}\begin{bmatrix} {}^0\boldsymbol{R}_c{}^T\,{}^0\dot{\boldsymbol{p}}_c \\ {}^0\boldsymbol{R}_c{}^T\,{}^0\boldsymbol{\omega}_c \end{bmatrix} \tag{8.13}$$

と書いて，画像を複数点にすると

$$\begin{bmatrix} {}^I\boldsymbol{a}_1 \\ {}^I\boldsymbol{a}_2 \\ \vdots \end{bmatrix} = \begin{bmatrix} \boldsymbol{J}_{I1} \\ \boldsymbol{J}_{I2} \\ \vdots \end{bmatrix}\begin{bmatrix} {}^0\boldsymbol{R}_c{}^T & 0 \\ 0 & {}^0\boldsymbol{R}_c{}^T \end{bmatrix}\begin{bmatrix} {}^0\dot{\boldsymbol{p}}_c \\ {}^0\boldsymbol{\omega}_c \end{bmatrix} \tag{8.14}$$

となります．カメラは，ロボットの先端に付けられているので，第 6 章で考えた手先効果器座標系をカメラ座標系に読み替えて，ヤコビ行列を計算すると

$$\begin{bmatrix} {}^0\dot{\boldsymbol{p}}_c \\ {}^0\boldsymbol{\omega}_c \end{bmatrix} = \boldsymbol{J}_v \dot{\boldsymbol{q}} \tag{8.15}$$

となります．式 (8.14)，(8.15) をまとめると

$$\begin{bmatrix} {}^I\dot{\boldsymbol{a}}_1 \\ {}^I\dot{\boldsymbol{a}}_2 \\ \vdots \end{bmatrix} = \begin{bmatrix} \boldsymbol{J}_{I1} \\ \boldsymbol{J}_{I2} \\ \vdots \end{bmatrix} \begin{bmatrix} {}^0\boldsymbol{R}_c{}^T & 0 \\ 0 & {}^0\boldsymbol{R}_c{}^T \end{bmatrix} \boldsymbol{J}_v \dot{\boldsymbol{q}} \tag{8.16}$$

$$= \widehat{\boldsymbol{J}}({}^I\boldsymbol{a}, {}^c a_z, \boldsymbol{q})\dot{\boldsymbol{q}} \tag{8.17}$$

という関係を得ます．この式は，ロボットの各関節を $\dot{\boldsymbol{q}}$ で動かすと，画像内の特徴点がどのような速度 ${}^I\dot{\boldsymbol{a}}$ で動くかを示した式です．行列 $\widehat{\boldsymbol{J}}({}^I\boldsymbol{a}, {}^c a_z, \boldsymbol{q})$ は三つの行列の積で，特徴点の点数が p 点だとすると，$2p \times n$ の行列になります．また，途中 6×6 の行列をはさんでいるので，ランクの最大値は 6 であることにも注意が必要です．

この式を基に，前節で説明した分解速度制御で，ビジュアルサーボを実現しましょう．ロボットは，関節ごとに速度フィードバックされているとき，各関節への速度指令値 $\boldsymbol{u}$ を求めます．ロボットが図 8.1 のように，6 自由度ロボットアームの場合には，$n = 6$ となります．特徴点が 3 点あれば，行列 $\widehat{\boldsymbol{J}}$ は，6×6 の正方行列となります．速度制御されたロボット (8.1) に対する入力 $\boldsymbol{u}$ は，逆行列が存在するときには

$$\boldsymbol{u} = -\widehat{\boldsymbol{J}}^{-1} \boldsymbol{K} \left({}^I\boldsymbol{a} - {}^I\boldsymbol{a}_d \right) \tag{8.18}$$

の形となります．画像特徴点が 4 点以上の場合には，行列 $\widehat{\boldsymbol{J}}$ は縦長の行列になるので

$$\boldsymbol{u} = -\left[\widehat{\boldsymbol{J}}^T \widehat{\boldsymbol{J}} \right]^{-1} \widehat{\boldsymbol{J}}^T \boldsymbol{K} \left({}^I\boldsymbol{a} - {}^I\boldsymbol{a}_d \right) \tag{8.19}$$

です．ヤコビ行列 $\widehat{\boldsymbol{J}}$ のランクが 6 であれば，これらの式が成立します．そのためには，ロボットの基礎ヤコビ行列 $\boldsymbol{J}_v$ と画像ヤコビ行列 $\boldsymbol{J}_I$ のランクが，いずれも 6 である必要があります．基礎ヤコビ行列の特異姿勢と，画像ヤコビ行列のランクが 6 未満になる点付近では，ヤコビ行列 $\widehat{\boldsymbol{J}}$ の逆行列（あるいは疑似逆行列 $\left[\widehat{\boldsymbol{J}}^T \widehat{\boldsymbol{J}} \right]^{-1} \widehat{\boldsymbol{J}}^T$）が大きくなり，数値的に不安定になります．特に，画像ヤコビ行列に関する特異姿勢は，ロボットアームの可動範囲とは関係なく，画像とカメラの位置関係で現れるので，レーベンバーグ・マルカート法などの方法を利用することが有効になります．

ヤコビ行列 $\widehat{\boldsymbol{J}}({}^I\boldsymbol{a}, {}^c a_z, \boldsymbol{q})$ は，画像特徴量 ${}^I\boldsymbol{a}$，カメラから画像特徴までの z 方向の距離 ${}^c a_z$，そして関節変位 $\boldsymbol{q}$ の関数です．このうち，${}^c a_z$ を測ることは難しいので，実

用的には，カメラが最終位置・姿勢に移動したときの画像特徴までの z 方向の距離 ${}^{c}\bar{a}_z$ をあらかじめ計算しておいて使うことで，目標点回りで局所安定化することができますが，ここでは証明は割愛します．

通常の速度分解制御の場合にはさほど問題にならなかったことが，ビジュアルサーボでうまく動かない原因になることがあります．まずは，画像目標値 ${}^{I}\boldsymbol{a}_d$ の与え方についてです．与えられる画像特徴量の目標値は，「見える可能性がある集合」の中に存在する必要があります．画像特徴量の小さな変化が，実空間内での大きなカメラの移動と対応している場合には，ロボットには過大な入力が加わり，動くことができなくなります．このような状況を避けるためには，あらかじめカメラを手動で動かし，そのときに観測される画像特徴量を目標値にする「ティーチング・バイ・ショウイング (見せることによる教示)」などの手法を使う必要があります．

また，見える可能性がある画像特徴量を目標としても，すべての画像特徴量が目標値に収束していないのに，ロボットが止まってしまう「停止条件」が，ロボットの可動範囲内に存在するのも，ビジュアルサーボの特徴です．ロボットを動かすときには，このような停止条件に気を付けながら動かす必要があるのですが，すべての場合についてあらかじめ解析的に求めることは，数学的に面倒なので，停止条件が起こったときに，目標画像特徴量の再考や，ゲインの再調整などで対処する方が現実的です．

8.3 仮想仕事の原理

ここまで第 II 部では，ロボットの各関節が速度制御されている場合について解説してきました．本節以降は，ロボットの各軸がトルク制御されていて，トルク目標値を与えると，瞬時にそれを実現できるようなロボットを考えます．

ヤコビ行列には，関節速度と手先速度の関係を記述する以外に，ロボットの手先にかかる力・モーメントと，それにバランスするために各関節で出さなければならない力・トルクのつり合いを表すという，もう一つの重要な性質があります．この性質を利用すれば，ヤコビ行列を使って，力に関する制御を実現することができます．本章のこれ以降は，ヤコビ行列を使った力に関する制御について学びましょう．

ロボットの関節 $i = 1, \cdots, n$ が直動関節であれば，その関節が生じる力を，回転関節であれば，その回転関節が生じる回転トルクを τ_i とします．すべての関節が生じる力・トルク $\boldsymbol{\tau}$ が積み重なって，手先に力 ${}^{0}\boldsymbol{f}_E$，モーメント ${}^{0}\boldsymbol{n}_E$ が生じるとします．これらの関係を仮想仕事の原理から求めます．

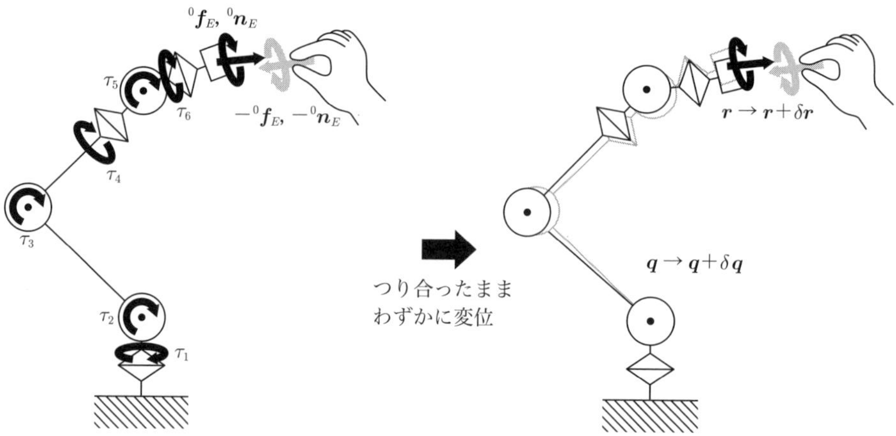

図 8.3：ロボットの先端に，${}^0\boldsymbol{f}_E$，${}^0\boldsymbol{n}_E$ という力とモーメントが発生しているとき，それを発生することができる関節力を求める．

各関節で生じる力・トルク $\boldsymbol{\tau} = \begin{bmatrix}\tau_1 & \tau_2 & \cdots & \tau_n\end{bmatrix}^T$ が積み重なって，手先に力 ${}^0\boldsymbol{f}_E$，モーメント ${}^0\boldsymbol{n}_E$ を生み出しているということは，言い換えれば，これらの力・トルクと，外部から手先にかけられている力 $-{}^0\boldsymbol{f}_E$，モーメント $-{}^0\boldsymbol{n}_E$ がつり合っている，ということです（**図 8.3** 左）．このつり合い状態を保ちながら，すべての関節がほんのわずかだけ，$q_i \to q_i + \delta q_i$ 動くと考えましょう（図 8.3 右）．各関節の，このような「無限小」の変位を，仮想変位 $\delta\boldsymbol{q} = \begin{bmatrix}\delta q_1 & \delta q_2 & \cdots & \delta q_n\end{bmatrix}^T$ と呼びます．各関節について，力・トルク $\boldsymbol{\tau}$ がかかった方向に変位 $\delta\boldsymbol{q}$ が生じるのですから，仕事が発生します．その仕事は

$$\tau_1 \cdot \delta q_1 + \tau_2 \cdot \delta q_2 + \cdots + \tau_n \cdot \delta q_n = (\delta\boldsymbol{q})^T \boldsymbol{\tau} \tag{8.20}$$

と求めることができます．これらの関節変位に応じて，手先にも微小な動き $\delta\boldsymbol{r}$ が発生しますが，外力がかかっているので，この外力がする仕事は

$$(\delta\boldsymbol{r})^T \begin{bmatrix} {}^0\boldsymbol{f}_E \\ {}^0\boldsymbol{n}_E \end{bmatrix} \tag{8.21}$$

となります．仮想仕事の原理によると，これらの仕事は等しくなるので

$$(\delta\boldsymbol{q})^T \boldsymbol{\tau} = (\delta\boldsymbol{r})^T \begin{bmatrix} {}^0\boldsymbol{f}_E \\ {}^0\boldsymbol{n}_E \end{bmatrix} \tag{8.22}$$

です．一方で，$\delta\boldsymbol{r}$ は，関節に仮想変位 $\delta\boldsymbol{q}$ が生じたときの手先の変位なので，ヤコビ行列を使って

$$\delta\boldsymbol{r} = \boldsymbol{J}_v \delta\boldsymbol{q} \tag{8.23}$$

という関係が成立します．式 (8.22)，(8.23) より

$$(\delta\boldsymbol{q})^T \boldsymbol{\tau} = (\delta\boldsymbol{q})^T \boldsymbol{J}_v{}^T \begin{bmatrix} {}^0\boldsymbol{f}_E \\ {}^0\boldsymbol{n}_E \end{bmatrix} \tag{8.24}$$

これが，任意の $\delta\boldsymbol{q}$ について成立するためには

$$\boldsymbol{\tau} = \boldsymbol{J}_v{}^T \begin{bmatrix} {}^0\boldsymbol{f}_E \\ {}^0\boldsymbol{n}_E \end{bmatrix} \tag{8.25}$$

となります．この式は，ロボットの手先に，${}^0\boldsymbol{f}_E$，${}^0\boldsymbol{n}_E$ という力，モーメントを生み出すために必要な関節トルクを求める式です．

8.4 コンプライアンス制御

平面 2 自由度ロボットの各軸にフィードバックがかけられているとき，**図 8.4** のように，先端を押したときに，どのような力が返ってくるかについて考えてみます．ロ

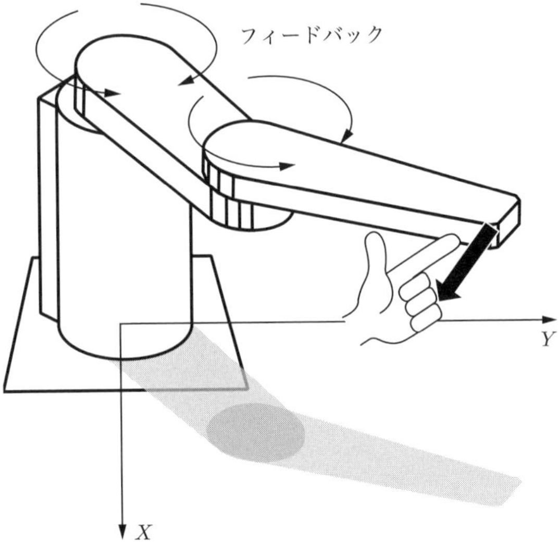

図 8.4：コンプライアンス制御

ボットに，各軸フィードバック

$$\begin{aligned}\tau_1 &= k_1 (\theta_{1d} - \theta_1) \\ \tau_2 &= k_2 (\theta_{2d} - \theta_2)\end{aligned} \tag{8.26}$$

がかけられているとき，外から力がかかっていなければ，ロボットは，姿勢 $\begin{bmatrix}\theta_{1d} & \theta_{2d}\end{bmatrix}^T$ に「固定」されています．ここで，k_1，k_2 は，適当な正のフィードバックゲインです．各軸フィードバックは，関節変位の誤差ベクトルを $\Delta\theta_i \triangleq \theta_i - \theta_{id}$ と定義すると

$$\begin{bmatrix}\tau_1 \\ \tau_2\end{bmatrix} = -\begin{bmatrix}k_1 & 0 \\ 0 & k_2\end{bmatrix}\begin{bmatrix}\Delta\theta_1 \\ \Delta\theta_2\end{bmatrix} \tag{8.27}$$

と書くことができます．このロボットの手先に，外部から力をかけたとき，手先が $\begin{bmatrix}\Delta x & \Delta y\end{bmatrix}^T$ だけ変位するとします．変位が小さければ，手先の変位と関節変位の微小変化の関係は

$$\begin{bmatrix}\Delta x \\ \Delta y\end{bmatrix} = \boldsymbol{J}\begin{bmatrix}\Delta\theta_1 \\ \Delta\theta_2\end{bmatrix} \tag{8.28}$$

と，ヤコビ行列を使って書くことができます．この関節変位に応じた関節トルクが，フィードバック (8.27) によって生じます．生じるトルクは

$$\begin{bmatrix}\tau_1 \\ \tau_2\end{bmatrix} = -\begin{bmatrix}k_1 & 0 \\ 0 & k_2\end{bmatrix}\boldsymbol{J}^{-1}\begin{bmatrix}\Delta x \\ \Delta y\end{bmatrix} \tag{8.29}$$

となります．ただし，ここではロボットは特異姿勢にはならないとして，ヤコビ行列 $\boldsymbol{J}$ は逆行列が存在するとしています．仮想仕事の原理より，このトルクによって生じる手先の力は

$$\begin{bmatrix}f_x \\ f_y\end{bmatrix} = -\boldsymbol{J}^{-T}\begin{bmatrix}k_1 & 0 \\ 0 & k_2\end{bmatrix}\boldsymbol{J}^{-1}\begin{bmatrix}\Delta x \\ \Delta y\end{bmatrix} \tag{8.30}$$

となります (ただし，$\boldsymbol{J}^{-T} = (\boldsymbol{J}^T)^{-1} = (\boldsymbol{J}^{-1})^T$ とします)．ロボットのヤコビ行列は

$$\boldsymbol{J} = \begin{bmatrix}-l_1 S_1 - l_2 S_{12} & -l_2 S_{12} \\ l_1 C_1 + l_2 C_{12} & l_2 C_{12}\end{bmatrix} \tag{8.31}$$

なので，式 (8.30) の Δx，Δy の係数行列は，かなり複雑な形になります．これは，例えばロボットの手先を x 方向にだけ動かしても，返ってくる力は，x，y 両方向の成分

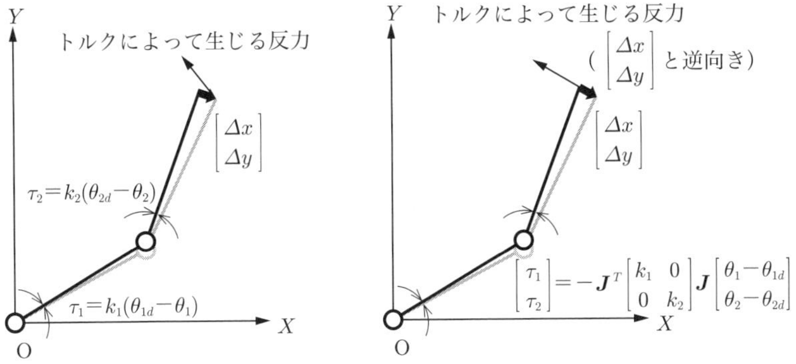

図 8.5：各関節へのフィードバックゲインを変えることによって，変位が生じたときに返ってくる反力をコントロールすることができる．

を持つ，ということを意味しています（**図 8.5**）．

式 (8.26) のように，各軸でその軸の角度だけをフィードバックするのではなく，軸間の関係も含まれたヤコビ行列をゲインに含む，以下のようなフィードバック制御則を考えましょう．

$$\begin{bmatrix}\tau_1\\ \tau_2\end{bmatrix} = -\boldsymbol{J}^T\begin{bmatrix}k_1 & 0\\ 0 & k_2\end{bmatrix}\boldsymbol{J}\begin{bmatrix}\Delta\theta_1\\ \Delta\theta_2\end{bmatrix} \tag{8.32}$$

ここで，ゲインに相当する行列

$$\boldsymbol{J}^T\begin{bmatrix}k_1 & 0\\ 0 & k_2\end{bmatrix}\boldsymbol{J}$$

は，$\boldsymbol{\theta}$ の関数なので，ロボットの姿勢によって変化する複雑なゲインになります．これを，式 (8.25) に代入すると

$$-\boldsymbol{J}^T\begin{bmatrix}k_1 & 0\\ 0 & k_2\end{bmatrix}\boldsymbol{J}\begin{bmatrix}\Delta\theta_1\\ \Delta\theta_2\end{bmatrix} = \boldsymbol{J}^T\begin{bmatrix}f_x\\ f_y\end{bmatrix} \tag{8.33}$$

となり，式 (8.28) を用いて変形すると

$$\begin{bmatrix}f_x\\ f_y\end{bmatrix} = -\begin{bmatrix}k_1 & 0\\ 0 & k_2\end{bmatrix}\begin{bmatrix}\Delta x\\ \Delta y\end{bmatrix} \tag{8.34}$$

となります．つまり，式 (8.32) のようにフィードバックゲインに $\boldsymbol{J}$ を含めることによって，手先に生じた変位と反対方向に力を出すことができます．式 (8.34) は「手先

を押すと，変位 Δx，Δy に対して，$-k_1\Delta x$，$-k_2\Delta y$ というばね力が返ってくるように感じる」制御を実現しているとも言えます（図 8.5）．このように，ロボットの手先に，ばねを仮想的に作り出す制御のことを，コンプライアンス制御といいます．ここで説明している制御則は，ばねだけを実現するものですが，制御をうまく工夫すれば，質量やダンパを仮想的に作り出す，インピーダンス制御を実現することもできます．

コンプライアンス制御を一般的に書いておきましょう．ロボットが発生する手先の力・トルク $\boldsymbol{f}$ は

$$\boldsymbol{\tau} = \boldsymbol{J}^T \boldsymbol{f} \tag{8.35}$$

です．手先の望みのばね定数が $\boldsymbol{K}$ であるとすると

$$\boldsymbol{f} = -\boldsymbol{K}\Delta \boldsymbol{r} \tag{8.36}$$

なので

$$\boldsymbol{\tau} = \boldsymbol{J}^T \boldsymbol{f} = -\boldsymbol{J}^T \boldsymbol{K}\Delta \boldsymbol{r} = -\boldsymbol{J}^T \boldsymbol{K}\boldsymbol{J}\Delta \boldsymbol{q} \tag{8.37}$$

となります．

8.5 位置と力の準静的ハイブリッド制御

引き続き，平面 2 自由度ロボットについて考えます．ロボットの手先が，**図 8.6** のように壁に接触しており，壁に垂直な方向には力を出すことができるが，壁に（理想

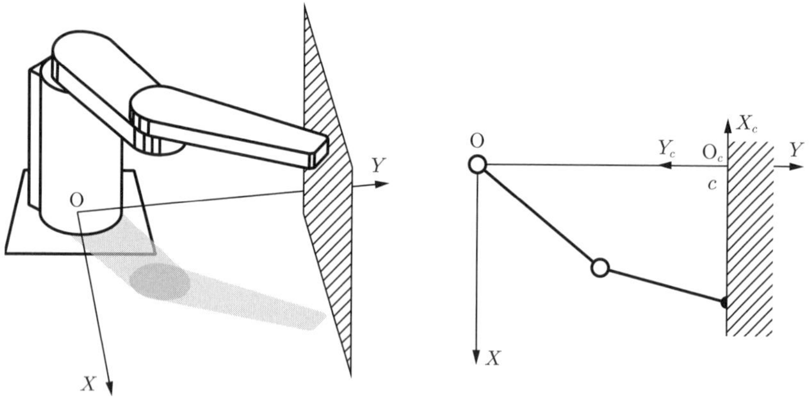

図 8.6：準静的な位置と力のハイブリッド制御

的には）摩擦がないために，壁に接する方向には力を出すことができないような状況を考えましょう．図の中では，壁に垂直な方向，Y_c 方向には力を出すことができるので，壁やロボット自身を壊さないように，この力を一定とし，一方，壁の接線方向，X_c 方向には，手先位置を制御することにします．このように，位置を制御できる方向と，力を制御できる方向を区別して制御する方法は，位置と力のハイブリッド制御と呼ばれます．

ここでは拘束面は既知とします．図 8.6 に示すように，拘束面を $Y = c$（c はロボットから拘束面までの距離で定数であるとします）としても一般性を失いません．以下では，拘束面を $Y = c$ として，式の展開をしてみましょう．図 8.6 のように，拘束面 $Y = c$ に拘束面座標 O_c–X_cY_c を設定します．基準座標系での手先位置 $\begin{bmatrix} p_x & p_y \end{bmatrix}^T$ と，拘束面座標系でのそれ $\begin{bmatrix} p_{cx} & p_{cy} \end{bmatrix}^T$ との関係を考えると

$$p_{cx} = -p_x \tag{8.38}$$

$$p_{cy} = c - p_y \tag{8.39}$$

です．微分すると

$$\dot{p}_{cx} = -\dot{p}_x \tag{8.40}$$

$$\dot{p}_{cy} = -\dot{p}_y \tag{8.41}$$

です．平面 2 自由度ロボットのヤコビ行列は，式 (6.5) より

$$\begin{bmatrix} \dot{p}_x \\ \dot{p}_y \end{bmatrix} = \begin{bmatrix} -l_1S_1 - l_2S_{12} & -l_2S_{12} \\ l_1C_1 + l_2C_{12} & l_2C_{12} \end{bmatrix} \begin{bmatrix} \dot{\theta}_1 \\ \dot{\theta}_2 \end{bmatrix}$$

なので

$$\begin{bmatrix} \dot{p}_{cx} \\ \dot{p}_{cy} \end{bmatrix} = \begin{bmatrix} l_1S_1 + l_2S_{12} & l_2S_{12} \\ -l_1C_1 - l_2C_{12} & -l_2C_{12} \end{bmatrix} \begin{bmatrix} \dot{\theta}_1 \\ \dot{\theta}_2 \end{bmatrix}$$

となります．これを

$$\begin{bmatrix} \dot{p}_{cx} \\ \dot{p}_{cy} \end{bmatrix} = \boldsymbol{J}_c \begin{bmatrix} \dot{\theta}_1 \\ \dot{\theta}_2 \end{bmatrix} \tag{8.42}$$

と書くことにしましょう．ここから，力制御のための関節駆動力と，位置制御のためのそれとを，順番に計算します．

力誤差については，PI 制御（位置と積分に関するフィードバック制御）によって，誤差をなくすよう制御することにしましょう[3]．手先には力センサが取り付けられていて，Σ_c での押し付け力 ${}^c\boldsymbol{f}$ が計測できるとします．力の目標値 ${}^c\boldsymbol{f}_d$ が与えられているときに，力に関する位置ゲインと積分ゲインをそれぞれ $\boldsymbol{K}_{fp}$，$\boldsymbol{K}_{fi}$ とすると，フィードバックによって計算される，手先に生じさせるべきフィードバック力は

$$\boldsymbol{f}_b = \boldsymbol{K}_{fp}\,({}^c\boldsymbol{f}_d - {}^c\boldsymbol{f}) + \boldsymbol{K}_{fi}\int({}^c\boldsymbol{f}_d - {}^c\boldsymbol{f})\,dt \tag{8.43}$$

となります．拘束面に完全に摩擦がなければ，$\boldsymbol{f}_b$ の X_c 成分は 0 のはずですが，実際のセンサの値には，摩擦や，計測誤差などによって，X_c 方向の力も含まれます．このうち，Y_c 方向だけについて力制御する，ということを明示する行列を

$$\boldsymbol{S} = \begin{bmatrix} 0 & 0 \\ 0 & 1 \end{bmatrix} \tag{8.44}$$

とすると，力に関するフィードバック力についてのトルク $\boldsymbol{\tau}_f$ は，$\boldsymbol{f}_b$ から X_c 方向の成分を除き，ヤコビ行列の転置をかけて各関節のトルクに変換することで

$$\boldsymbol{\tau}_f = \boldsymbol{J}_c{}^T\boldsymbol{S}\boldsymbol{f}_b \tag{8.45}$$

となります．

一方，X_c 方向の位置誤差 $\Delta\boldsymbol{p}$ は，${}^c\boldsymbol{p}_d$ を拘束面接線 X_c 方向の目標位置として

$$\Delta\boldsymbol{p} = (\boldsymbol{I} - \boldsymbol{S})\,({}^c\boldsymbol{p}_d - {}^c\boldsymbol{p}) \tag{8.46}$$

と書けます．ここで，位置の誤差に $\boldsymbol{I} - \boldsymbol{S}$ がかけられているのは，力の場合と同様，拘束面垂直方向に誤差が生じても，その方向へ出力しないようにするためです．

ヤコビ行列を用いると，手先誤差 $\Delta\boldsymbol{p}$ と関節変位誤差 $\Delta\boldsymbol{\theta}$ の間には

$$\Delta\boldsymbol{\theta} \cong \boldsymbol{J}_c{}^{-1}\Delta\boldsymbol{p} \tag{8.47}$$

$$\Delta\dot{\boldsymbol{\theta}} = \boldsymbol{J}_c{}^{-1}\Delta\dot{\boldsymbol{p}} \tag{8.48}$$

という関係があります．位置方向の制御として，PD 制御（位置と速度についてのフィードバック制御）を使うと考えると，これを実現するトルクは

---

3)　制御の常識として，力制御のときには PI 制御（あるいはフィードフォワード＋PI 制御），位置制御のときには PD 制御（あるいは PID 制御）を使うのが一般的である，ということは覚えておきましょう．

$$\boldsymbol{\tau}_p = \boldsymbol{K}_{pp}\Delta\boldsymbol{\theta} + \boldsymbol{K}_{pd}\Delta\dot{\boldsymbol{\theta}} \tag{8.49}$$

となります．

力制御 (8.45) と，位置制御 (8.49) は，あらかじめ行列 $\boldsymbol{S}$ によって，干渉しないように直交化されているので，これら二つの入力を足すことで

$$\boldsymbol{\tau} = \boldsymbol{\tau}_p + \boldsymbol{\tau}_f \tag{8.50}$$

によって，この両方の制御を独立な方向に同時に実現することができます．

8.6 本章のまとめ

第 8 章，ヤコビ行列を利用した制御のまとめは以下の通りです．

（1） 手先目標速度を位置誤差で修正した，修正目標速度をヤコビ行列で分配する分解速度制御で，ヤコビ行列を利用した手先位置の制御を実現することができる．

（2） 画像ヤコビ行列を用いると，ビジュアルサーボも分解速度制御の枠組みで議論することができ，微分逆運動学に関する知識を使うことができる．

（3） 仮想仕事の原理より，手先に生じる力・トルクと関節力・トルクの関係が，ヤコビ行列で表現されることがわかる．これを利用することで，コンプライアンス制御や位置と力のハイブリッド制御が導かれる．

第 III 部

動力学と運動制御

第 I 部では，ロボットの手先や姿勢の表現から始めて座標系を定義し，目標軌道の作り方，逆運動学問題の解法などに触れ，ロボットのモータがローカルに位置制御されている場合に，手先に目標軌道（軌跡）が与えられたとき，それをどのように実現するかについての知識を得ました．第 II 部では，ヤコビ行列を中心とした微分運動学について学習し，微分運動学を用いた位置に関する運動学の数値的解法や，ヤコビ行列を利用した各種の制御則について見てきました．

それぞれ，第 I 部では関節のローカルな位置制御，第 II 部では速度制御が基本となっており，ロボットのハードウエアとしての実装が，制御を制限する，というロボット特有の性質に気を付けて説明してきました．そして，注意深い読者はお気づきのことと思いますが，第 II 部の最後の章，第 8 章の後半からは，各関節のトルクが制御できるとしています．これは，ヤコビ行列が，速度に関する関係だけでなく，ロボットの手先に生じる力・モーメントと，関節力・トルクとの関係も記述できるからです．

このようにロボット制御は，制御対象となるロボットの各関節がどのようなローカルな制御で動いているかときわめて密接な関係があります．ロボットのハードウエアが制御の性能の上限を決めると考えてもよいでしょう．したがって，ロボットの性能を向上するためには，全体の制御則だけをすげ替える，というわけにはいきません．必ずハードウエアに関する変更をともなうことに注意をしておく必要があります．

第 III 部では，各モータは，電流制御されているものとして取り扱います．DC モータの場合，電流はトルクと比例すると考えられるので，トルク制御されているという表現をされることもあります．位置制御，速度制御の場合と同様に，局所的なモータコントローラに，電流センサ（まれにトルクセンサ）からの情報をフィードバックし，電流（トルク）を一定にすることができると考えます．

9 ロボットの運動方程式

本章では，ロボットの運動方程式を導く方法を紹介します．ロボットは複雑なシステムで，運動方程式を直感的に求めることが困難です．一方で，リンクが連結した構造になっており，その構造をうまく利用すると，運動方程式を漸化的（1 リンク前の状態を使って次のリンクの状態を計算する，あるいはその逆）に記述することができます．最初に，直感的に求めやすいラグランジュの運動方程式に触れ，あとで，より一般的なロボットをコンピュータで扱いやすいような漸化的な表現を使ったニュートン・オイラー法について述べることにしましょう．本章で学習するロボットの運動方程式を利用することで，ロボットの動力学を考慮した制御則を導いたり，与えられた制御則の動的な安定性を証明したりすることができます．

9.1 平面 2 自由度ロボットの運動方程式

まず，平面 2 自由度ロボットの運動方程式を，ラグランジュの方法で求めましょう．ラグランジュの方法による運動方程式は，ハミルトンの原理から導くことができますが，本書の学習目的からは若干逸脱しますので，詳しくは解析力学の教科書などを参照してください．

ある力学系を記述する一般化座標を q_i（$i = 1, \cdots, n$），各一般化座標に対応する一般化力を f_i とします．この力学系の運動エネルギ E_k，ばねや重力によるポテンシャルエネルギ E_p を使って，ラグランジュ関数 L を

$$L \triangleq E_k - E_p \tag{9.1}$$

とすると，運動方程式は

$$\frac{d}{dt}\left(\frac{\partial L}{\partial \dot{q}_i}\right) - \frac{\partial L}{\partial q_i} = f_i \quad (i = 1, \cdots, n) \tag{9.2}$$

となります．ここでは，常微分 d/dt と，偏微分 $\partial/\partial \dot{q}_i$，$\partial/\partial q_i$ の違いについて気を付けてください．偏微分は，対象とする変数（例えば，q_i）以外の一般化座標（時間微

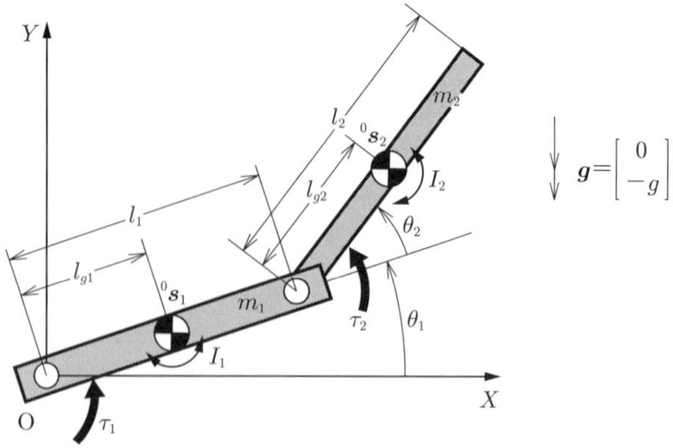

図 9.1：平面 2 自由度ロボット

分を含む）は，定数とみなして微分します．

運動方程式を書くのに必要なロボットの定数を，動力学パラメータといいます．**図 9.1** に，平面 2 自由度ロボットの動力学パラメータである，リンクの長さ l_i，重心位置 l_{gi}，質量 m_i，重心回りの慣性モーメント I_i（それぞれ $i = 1$，2）を示します．図の中には，モータの回転角 θ_1，θ_2 も記入してあります．ここでは，モータの回転角が一般化座標，それに対応する回転トルク τ_1，τ_2 が一般化力となることに注意してください．また，このロボットは，Y 軸方向に重力 $\begin{bmatrix} 0 & -g \end{bmatrix}^T$ を受けている（つまり，Y 軸マイナス方向を重力の方向にする）とします．

ラグランジュの運動方程式を導くためには，基準座標系 Σ_0 に対する，リンク (1) とリンク (2) の重心位置 ${}^0\boldsymbol{s}_1$，${}^0\boldsymbol{s}_2$ が必要です．図から

$${}^0\boldsymbol{s}_1 = \begin{bmatrix} l_{g1}C_1 \\ l_{g1}S_1 \end{bmatrix} \tag{9.3}$$

$${}^0\boldsymbol{s}_2 = \begin{bmatrix} l_1C_1 + l_{g2}C_{12} \\ l_1S_1 + l_{g2}S_{12} \end{bmatrix} \tag{9.4}$$

となります．これを微分すると

$${}^0\dot{\boldsymbol{s}}_1 = \begin{bmatrix} -l_{g1}S_1\dot{\theta}_1 \\ l_{g1}C_1\dot{\theta}_1 \end{bmatrix} \tag{9.5}$$

$${}^0\dot{\boldsymbol{s}}_2 = \begin{bmatrix} -l_1S_1\dot{\theta}_1 - l_{g2}S_{12}\left(\dot{\theta}_1 + \dot{\theta}_2\right) \\ l_1C_1\dot{\theta}_1 + l_{g2}C_{12}\left(\dot{\theta}_1 + \dot{\theta}_2\right) \end{bmatrix} \tag{9.6}$$

です．ロボット全体の並進運動エネルギは，2 本のリンクの並進運動エネルギの合計として

$$
\begin{aligned}
&\frac{1}{2}m_1{}^0\dot{\boldsymbol{s}}_1{}^{T\,0}\dot{\boldsymbol{s}}_1+\frac{1}{2}m_2{}^0\dot{\boldsymbol{s}}_2{}^{T\,0}\dot{\boldsymbol{s}}_2\\
&=\frac{m_1}{2}\begin{bmatrix}-l_{g1}S_1\dot{\theta}_1\\ l_{g1}C_1\dot{\theta}_1\end{bmatrix}^T\begin{bmatrix}-l_{g1}S_1\dot{\theta}_1\\ l_{g1}C_1\dot{\theta}_1\end{bmatrix}\\
&\quad+\frac{m_2}{2}\begin{bmatrix}-l_1S_1\dot{\theta}_1-l_{g2}S_{12}(\dot{\theta}_1+\dot{\theta}_2)\\ l_1C_1\dot{\theta}_1+l_{g2}C_{12}(\dot{\theta}_1+\dot{\theta}_2)\end{bmatrix}^T\begin{bmatrix}-l_1S_1\dot{\theta}_1-l_{g2}S_{12}(\dot{\theta}_1+\dot{\theta}_2)\\ l_1C_1\dot{\theta}_1+l_{g2}C_{12}(\dot{\theta}_1+\dot{\theta}_2)\end{bmatrix}\\
&=\frac{m_1}{2}l_{g1}{}^2\dot{\theta}_1{}^2+\frac{m_2}{2}\left\{l_1{}^2\dot{\theta}_1{}^2+l_{g2}{}^2(\dot{\theta}_1+\dot{\theta}_2)^2+2l_1l_{g2}C_2(\dot{\theta}_1^2+\dot{\theta}_1\dot{\theta}_2)\right\}
\end{aligned}
\tag{9.7}
$$

と求めることができます．

運動エネルギは，並進運動エネルギと回転運動エネルギの和なので，次に回転運動エネルギについて考えます．基準座標系 O–XY に対するリンク（1）の角速度は $\dot{\theta}_1$，リンク (2) の角速度は $\dot{\theta}_1+\dot{\theta}_2$ なので，それぞれの回転運動エネルギは，$\frac{1}{2}I_1\dot{\theta}_1{}^2$，$\frac{1}{2}I_2(\dot{\theta}_1+\dot{\theta}_2)^2$ です．したがって，システム全体の運動エネルギ E_k は

$$
\begin{aligned}
E_k=&\frac{m_1}{2}l_{g1}{}^2\dot{\theta}_1{}^2+\frac{m_2}{2}\left\{l_1{}^2\dot{\theta}_1{}^2+l_{g2}{}^2(\dot{\theta}_1+\dot{\theta}_2)^2+2l_1l_{g2}C_2(\dot{\theta}_1^2+\dot{\theta}_1\dot{\theta}_2)\right\}\\
&+\frac{1}{2}I_1\dot{\theta}_1^2+\frac{1}{2}I_2(\dot{\theta}_1+\dot{\theta}_2)^2
\end{aligned}
\tag{9.8}
$$

となります．

重力によって生じる，ロボットの位置エネルギを計算しましょう．重力方向は，$\boldsymbol{g}=[0\quad -g]^T$，ただし，$g$ は重力加速度（地球上の場合，およそ 9.81 m/s²）です．リンク i の重心ベクトルを ${}^0\boldsymbol{s}_i$ とすると，リンク（1）の位置エネルギは

$$
-m_1\boldsymbol{g}^{T\,0}\boldsymbol{s}_1=m_1gl_{g1}S_1 \tag{9.9}
$$

リンク（2）の位置エネルギは

$$
-m_2\boldsymbol{g}^{T\,0}\boldsymbol{s}_2=m_2g(l_1S_1+l_{g2}S_{12}) \tag{9.10}
$$

となります．したがって，全位置エネルギ E_p は

$$
E_p=m_1gl_{g1}S_1+m_2g(l_1S_1+l_{g2}S_{12}) \tag{9.11}
$$

です．式 (9.8)，(9.11) より，ラグランジュ関数 $L=E_k-E_p$ を求め，式 (9.2) に代入すると，θ_1 についての運動方程式

$$\{m_1 {l_{g1}}^2 + I_1 + m_2 ({l_1}^2 + {l_{g2}}^2 + 2 l_1 l_{g2} C_2) + I_2\} \ddot{\theta}_1 + \{m_2 ({l_{g2}}^2 + l_1 l_{g2} C_2) + I_2\} \ddot{\theta}_2 - m_2 l_1 l_{g2} S_2 \left(2\dot{\theta}_1 \dot{\theta}_2 + \dot{\theta}_2^2\right) + m_1 g l_{g1} C_1 + m_2 g (l_1 C_1 + l_{g2} C_{12}) = \tau_1 \quad (9.12)$$

と，θ_2 についての運動方程式

$$\{m_2 ({l_{g2}}^2 + l_1 l_{g2} C_2) + I_2\} \ddot{\theta}_1 + (m_2 {l_{g2}}^2 + I_2) \ddot{\theta}_2 + m_2 l_1 l_{g2} S_2 \dot{\theta}_1^2 + m_2 g l_{g2} C_{12} = \tau_2 \quad (9.13)$$

を得ます．見通しの良いように，行列の表現を使うと

$$\begin{bmatrix} m_1 {l_{g1}}^2 + I_1 + m_2 ({l_1}^2 + {l_{g2}}^2 + 2 l_1 l_{g2} C_2) + I_2 & m_2 ({l_{g2}}^2 + l_1 l_{g2} C_2) + I_2 \\ m_2 ({l_{g2}}^2 + l_1 l_{g2} C_2) + I_2 & m_2 {l_{g2}}^2 + I_2 \end{bmatrix} \begin{bmatrix} \ddot{\theta}_1 \\ \ddot{\theta}_2 \end{bmatrix} + \begin{bmatrix} -m_2 l_1 l_{g2} S_2 \left(2\dot{\theta}_1 \dot{\theta}_2 + \dot{\theta}_2^2\right) \\ m_2 l_1 l_{g2} S_2 \dot{\theta}_1^2 \end{bmatrix} + \begin{bmatrix} m_1 g l_{g1} C_1 + m_2 g (l_1 C_1 + l_{g2} C_{12}) \\ m_2 g l_{g2} C_{12} \end{bmatrix} = \begin{bmatrix} \tau_1 \\ \tau_2 \end{bmatrix} \quad (9.14)$$

と書くことができます．これを，簡潔に

$$\boldsymbol{M}(\boldsymbol{\theta})\ddot{\boldsymbol{\theta}} + \boldsymbol{h}(\boldsymbol{\theta}, \dot{\boldsymbol{\theta}}) + \boldsymbol{g}(\boldsymbol{\theta}) = \boldsymbol{\tau} \quad (9.15)$$

と書くことにしましょう．ここで，$\boldsymbol{\theta} = [\theta_1 \quad \theta_2]^T$，$\boldsymbol{\tau} = [\tau_1 \quad \tau_2]^T$ であり

$$\boldsymbol{M}(\boldsymbol{\theta}) = \begin{bmatrix} m_1 {l_{g1}}^2 + I_1 + m_2 ({l_1}^2 + {l_{g2}}^2 + 2 l_1 l_{g2} C_2) + I_2 & m_2 ({l_{g2}}^2 + l_1 l_{g2} C_2) + I_2 \\ m_2 ({l_{g2}}^2 + l_1 l_{g2} C_2) + I_2 & m_2 {l_{g2}}^2 + I_2 \end{bmatrix} \quad (9.16)$$

$$\boldsymbol{h}(\boldsymbol{\theta}, \dot{\boldsymbol{\theta}}) = \begin{bmatrix} -m_2 l_1 l_{g2} S_2 \left(2\dot{\theta}_1 \dot{\theta}_2 + \dot{\theta}_2^2\right) \\ m_2 l_1 l_{g2} S_2 \dot{\theta}_1^2 \end{bmatrix} \quad (9.17)$$

$$\boldsymbol{g}(\boldsymbol{\theta}) = \begin{bmatrix} m_1 g l_{g1} C_1 + m_2 g (l_1 C_1 + l_{g2} C_{12}) \\ m_2 g l_{g2} C_{12} \end{bmatrix} \quad (9.18)$$

です．行列 $\boldsymbol{M}(\boldsymbol{\theta})$ は慣性行列と呼ばれる正値対称行列，ベクトル $\boldsymbol{h}(\boldsymbol{\theta}, \dot{\boldsymbol{\theta}})$ は遠心力・コリオリ力の項，ベクトル $\boldsymbol{g}(\boldsymbol{\theta})$ は重力項と呼ばれます．

9.2 慣性行列，遠心力・コリオリ力の項の性質

この教科書では，具体的な運動方程式は平面 2 自由度ロボットのものしか導出しませんが，一般的なロボットの運動方程式は，同じ形で表されることがわかっています．ここでは，2 自由度に限らず，一般的な n 自由度ロボットについて，慣性行列，遠心力・コリオリ力の項の性質をもう少し詳しく見ていくことにしましょう．前節の計算からもわかるように，運動エネルギ E_k は，一般的に

$$E_k = \frac{1}{2}\dot{\boldsymbol{q}}^T \boldsymbol{M}(\boldsymbol{q})\dot{\boldsymbol{q}} \tag{9.19}$$

と表されます．ここでは，関節が回転だけではなく，直動関節の場合も扱うことができるので，$\boldsymbol{\theta}$ ではなく，$\boldsymbol{q}$ と書かれていることに注意してください．$\boldsymbol{M}$ は，正値対称行列となります（前節の 2 自由度のロボットの場合の $\boldsymbol{M}$ で確認しましょう）．

ポテンシャルエネルギは重力によるもののみを考えるとすると，E_p は $\boldsymbol{q}$ のみの関数となるため

$$E_p = E_p(\boldsymbol{q}) \tag{9.20}$$

と書くことができます．ラグランジュ関数は

$$L = \frac{1}{2}\dot{\boldsymbol{q}}^T \boldsymbol{M}(\boldsymbol{q})\dot{\boldsymbol{q}} - E_p(\boldsymbol{q}) \tag{9.21}$$

となるので，運動方程式は

$$\begin{aligned}
&\frac{d}{dt}\left(\frac{\partial L}{\partial \dot{\boldsymbol{q}}}\right) - \frac{\partial L}{\partial \boldsymbol{q}} \\
&= \frac{d}{dt}\left\{\frac{\partial}{\partial \dot{\boldsymbol{q}}}\left(\frac{1}{2}\dot{\boldsymbol{q}}^T \boldsymbol{M}(\boldsymbol{q})\dot{\boldsymbol{q}}\right)\right\} - \frac{\partial}{\partial \boldsymbol{q}}\left(\frac{1}{2}\dot{\boldsymbol{q}}^T \boldsymbol{M}(\boldsymbol{q})\dot{\boldsymbol{q}}\right) + \frac{\partial}{\partial \boldsymbol{q}}E_p(\boldsymbol{q}) \\
&= \frac{d}{dt}\{\boldsymbol{M}(\boldsymbol{q})\dot{\boldsymbol{q}}\} - \frac{\partial}{\partial \boldsymbol{q}}\left(\frac{1}{2}\dot{\boldsymbol{q}}^T \boldsymbol{M}(\boldsymbol{q})\dot{\boldsymbol{q}}\right) + \frac{\partial}{\partial \boldsymbol{q}}E_p(\boldsymbol{q}) \\
&= \boldsymbol{M}(\boldsymbol{q})\ddot{\boldsymbol{q}} + \dot{\boldsymbol{M}}(\boldsymbol{q})\dot{\boldsymbol{q}} - \frac{\partial}{\partial \boldsymbol{q}}\left(\frac{1}{2}\dot{\boldsymbol{q}}^T \boldsymbol{M}(\boldsymbol{q})\dot{\boldsymbol{q}}\right) + \frac{\partial}{\partial \boldsymbol{q}}E_p(\boldsymbol{q}) \\
&= \boldsymbol{\tau}
\end{aligned} \tag{9.22}$$

となります．これで，遠心力・コリオリ力の項が

$$\boldsymbol{h}(\boldsymbol{q}, \dot{\boldsymbol{q}}) = \dot{\boldsymbol{M}}(\boldsymbol{q})\dot{\boldsymbol{q}} - \frac{\partial}{\partial \boldsymbol{q}}\left(\frac{1}{2}\dot{\boldsymbol{q}}^T \boldsymbol{M}(\boldsymbol{q})\dot{\boldsymbol{q}}\right) \tag{9.23}$$

であることがわかります．

遠心力・コリオリ力の項については，さらに変形することで，興味深い性質を導くことができます．運動方程式を

$$\boldsymbol{M}(\boldsymbol{q})\ddot{\boldsymbol{q}} + \frac{1}{2}\dot{\boldsymbol{M}}(\boldsymbol{q})\dot{\boldsymbol{q}} + \frac{1}{2}\dot{\boldsymbol{M}}(\boldsymbol{q})\dot{\boldsymbol{q}} - \frac{\partial}{\partial \boldsymbol{q}}\left(\frac{1}{2}\dot{\boldsymbol{q}}^T\boldsymbol{M}(\boldsymbol{q})\dot{\boldsymbol{q}}\right) + \frac{\partial}{\partial \boldsymbol{q}}E_p(\boldsymbol{q}) = \boldsymbol{\tau} \tag{9.24}$$

と書き直します．左辺の第 3 項と第 4 項は，右から $\dot{\boldsymbol{q}}$ のかかったベクトルと見ることができるので

$$\frac{1}{2}\dot{\boldsymbol{M}}(\boldsymbol{q})\dot{\boldsymbol{q}} - \frac{\partial}{\partial \boldsymbol{q}}\left(\frac{1}{2}\dot{\boldsymbol{q}}^T\boldsymbol{M}(\boldsymbol{q})\dot{\boldsymbol{q}}\right) = \boldsymbol{S}(\boldsymbol{q},\dot{\boldsymbol{q}})\dot{\boldsymbol{q}} \tag{9.25}$$

と置くことができます．左辺に，左から $\dot{\boldsymbol{q}}^T$ をかけると

$$\begin{aligned}\dot{\boldsymbol{q}}^T\left[\frac{1}{2}\dot{\boldsymbol{M}}(\boldsymbol{q})\dot{\boldsymbol{q}} - \frac{\partial}{\partial \boldsymbol{q}}\left(\frac{1}{2}\dot{\boldsymbol{q}}^T\boldsymbol{M}(\boldsymbol{q})\dot{\boldsymbol{q}}\right)\right] &= \frac{1}{2}\dot{\boldsymbol{q}}^T\dot{\boldsymbol{M}}(\boldsymbol{q})\dot{\boldsymbol{q}} - \frac{1}{2}\dot{\boldsymbol{q}}^T\dot{\boldsymbol{M}}(\boldsymbol{q})\dot{\boldsymbol{q}} \\ &= 0\end{aligned} \tag{9.26}$$

となります．つまり，行列 $\boldsymbol{S}(\boldsymbol{q},\dot{\boldsymbol{q}})$ は

$$\dot{\boldsymbol{q}}^T\boldsymbol{S}(\boldsymbol{q},\dot{\boldsymbol{q}})\dot{\boldsymbol{q}} = 0 \tag{9.27}$$

を満たします．この式が，任意の $\dot{\boldsymbol{q}}$ について成り立つための必要十分条件は，行列 $\boldsymbol{S}(\boldsymbol{q},\dot{\boldsymbol{q}})$ が歪対称行列であることです．歪対称行列については，6.3 節の，角速度ベクトルの導入の部分でも触れているので，そちらを参考にしてください．この行列 $\boldsymbol{S}(\boldsymbol{q},\dot{\boldsymbol{q}})$ を用いると，運動方程式は

$$\boldsymbol{M}(\boldsymbol{q})\ddot{\boldsymbol{q}} + \frac{1}{2}\dot{\boldsymbol{M}}(\boldsymbol{q})\dot{\boldsymbol{q}} + \boldsymbol{S}(\boldsymbol{q},\dot{\boldsymbol{q}})\dot{\boldsymbol{q}} + \frac{\partial}{\partial \boldsymbol{q}}E_p(\boldsymbol{q}) = \boldsymbol{\tau} \tag{9.28}$$

となります．この式の変形は，10.2 節の重力補償制御の安定性の証明で，重要な役割を果たします．

9.3 ニュートン・オイラー法

2 自由度程度のロボットアームの場合，運動方程式をラグランジュの方法によって

$$\boldsymbol{M}(\boldsymbol{q})\ddot{\boldsymbol{q}} + \boldsymbol{h}(\boldsymbol{q},\dot{\boldsymbol{q}}) + \boldsymbol{g}(\boldsymbol{q}) = \boldsymbol{\tau}$$

の形で解析的に求めることができます．この形に表現することができれば，どの項が慣性にかかわり，どの項が遠心力を表しているか，などを直感的に理解することが容

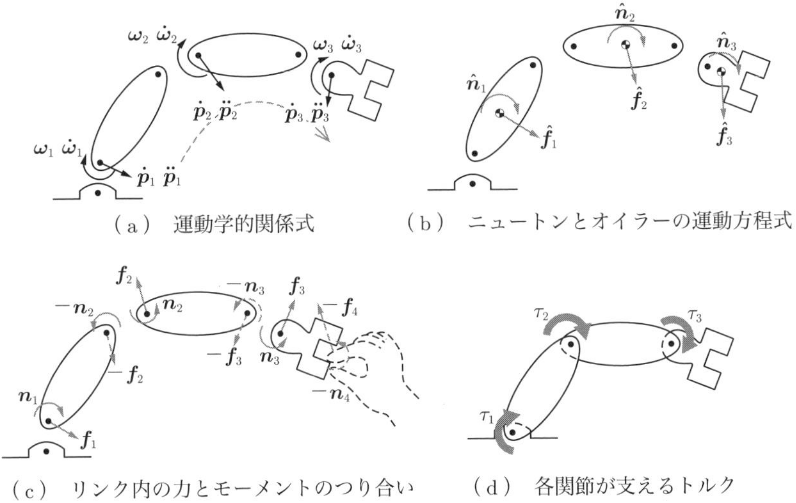

図 9.2：ニュートン・オイラー法

易です．しかし，ロボットのモータの数，自由度が増えると，運動方程式をこの形で解析的に求めることは難しくなります．

そこで，次に，直列リンクのロボットの自由度が増えたときに，運動方程式を漸化的な表現で求めることができる，ニュートン・オイラー法について紹介します．ニュートン・オイラー法の概要を**図 9.2** に示します．計算全体は，大きく 4 段階に分けることができ，（a）運動学的関係式，（b）ニュートンとオイラーの運動方程式，（c）リンク内の力とモーメントのつり合い，（d）各関節が支えるトルク（力）の順番に求めていきます．

9.4　運動学的関係式

リンク間の速度と加速度の関係式が必要なので，6.4 節で使ったリンク速度間の関係式を利用します．関節（i）が回転関節の場合には

$$ {}^{0}\boldsymbol{\omega}_i = {}^{0}\boldsymbol{\omega}_{i-1} + {}^{0}\boldsymbol{R}_i \boldsymbol{e}_z \dot{q}_i \tag{9.29} $$

$$ {}^{0}\dot{\boldsymbol{p}}_i = {}^{0}\dot{\boldsymbol{p}}_{i-1} + {}^{0}\boldsymbol{\omega}_{i-1} \times \left({}^{0}\boldsymbol{R}_{i-1}{}^{i-1}\boldsymbol{p}_{i-1,i} \right) \tag{9.30} $$

関節（i）が直動関節の場合には

$$ {}^0\boldsymbol{\omega}_i = {}^0\boldsymbol{\omega}_{i-1} \tag{9.31} $$

$$ {}^0\dot{\boldsymbol{p}}_i = {}^0\dot{\boldsymbol{p}}_{i-1} + {}^0\boldsymbol{R}_i\boldsymbol{e}_z\dot{q}_i + {}^0\boldsymbol{\omega}_{i-1} \times \left({}^0\boldsymbol{R}_{i-1}{}^{i-1}\boldsymbol{p}_{i-1,i}\right) \tag{9.32} $$

でした（これらの式は再掲）．これらをさらに時間に関して微分すると，関節（i）が回転関節の場合には

$$ \begin{aligned} {}^0\dot{\boldsymbol{\omega}}_i &= {}^0\dot{\boldsymbol{\omega}}_{i-1} + {}^0\boldsymbol{R}_i\boldsymbol{e}_z\ddot{q}_i + {}^0\boldsymbol{\omega}_i \times \left({}^0\boldsymbol{R}_i\boldsymbol{e}_z\dot{q}_i\right) \\ &= {}^0\dot{\boldsymbol{\omega}}_{i-1} + {}^0\boldsymbol{R}_i\boldsymbol{e}_z\ddot{q}_i + \left({}^0\boldsymbol{\omega}_{i-1} + {}^0\boldsymbol{R}_i\boldsymbol{e}_z\dot{q}_i\right) \times \left({}^0\boldsymbol{R}_i\boldsymbol{e}_z\dot{q}_i\right) \\ &= {}^0\dot{\boldsymbol{\omega}}_{i-1} + {}^0\boldsymbol{R}_i\boldsymbol{e}_z\ddot{q}_i + {}^0\boldsymbol{\omega}_{i-1} \times \left({}^0\boldsymbol{R}_i\boldsymbol{e}_z\dot{q}_i\right) \end{aligned} \tag{9.33} $$

$$ \begin{aligned} {}^0\ddot{\boldsymbol{p}}_i = {}^0\ddot{\boldsymbol{p}}_{i-1} &+ {}^0\dot{\boldsymbol{\omega}}_{i-1} \times \left({}^0\boldsymbol{R}_{i-1}{}^{i-1}\boldsymbol{p}_{i-1,i}\right) \\ &+ {}^0\boldsymbol{\omega}_{i-1} \times \left[{}^0\boldsymbol{\omega}_{i-1} \times \left({}^0\boldsymbol{R}_{i-1}{}^{i-1}\boldsymbol{p}_{i-1,i}\right)\right] \end{aligned} \tag{9.34} $$

関節（i）が直動関節の場合には

$$ {}^0\dot{\boldsymbol{\omega}}_i = {}^0\dot{\boldsymbol{\omega}}_{i-1} \tag{9.35} $$

$$ \begin{aligned} {}^0\ddot{\boldsymbol{p}}_i = {}^0\ddot{\boldsymbol{p}}_{i-1} &+ {}^0\boldsymbol{R}_i\boldsymbol{e}_z\ddot{q}_i + 2{}^0\boldsymbol{\omega}_{i-1} \times \left({}^0\boldsymbol{R}_i\boldsymbol{e}_z\dot{q}_i\right) \\ &+ {}^0\dot{\boldsymbol{\omega}}_{i-1} \times \left({}^0\boldsymbol{R}_{i-1}{}^{i-1}\boldsymbol{p}_{i-1,i}\right) \\ &+ {}^0\boldsymbol{\omega}_{i-1} \times \left[{}^0\boldsymbol{\omega}_{i-1} \times \left({}^0\boldsymbol{R}_{i-1}{}^{i-1}\boldsymbol{p}_{i-1,i}\right)\right] \end{aligned} \tag{9.36} $$

となります．これらの式は，基準座標に対するリンク（$i-1$）の加速度 ${}^0\ddot{\boldsymbol{p}}_{i-1}$ と角加速度 ${}^0\dot{\boldsymbol{\omega}}_{i-1}$ がわかっているとき，リンク（i）のリンク（$i-1$）に対する相対的な運動 q_i を加えることによって，リンク（i）の加速度 ${}^0\ddot{\boldsymbol{p}}_i$ と角加速度 ${}^0\dot{\boldsymbol{\omega}}_i$ が計算できることを意味しています．運動学の関係式は，リンク（$i-1$）の速度，加速度から，リンク（i）の速度，加速度を計算する式になっています．つまり，根元から順に，関節の速度を加算することで，それぞれのリンクの速度，加速度を計算します（**図 9.3**）．

基準座標に対する，リンク（i）の重心位置 ${}^0\boldsymbol{s}_i$ も，幾何学的関係から求めておきましょう．リンク（i）座標系から見たときのリンク（i）の重心位置は定ベクトルになります．これを ${}^i\widehat{\boldsymbol{s}}_i$ とすると

$$ {}^0\boldsymbol{s}_i = {}^0\boldsymbol{p}_i + {}^0\boldsymbol{R}_i{}^i\widehat{\boldsymbol{s}}_i \tag{9.37} $$

より

$$ {}^0\dot{\boldsymbol{s}}_i = {}^0\dot{\boldsymbol{p}}_i + {}^0\boldsymbol{\omega}_i \times \left({}^0\boldsymbol{R}_i{}^i\widehat{\boldsymbol{s}}_i\right) \tag{9.38} $$

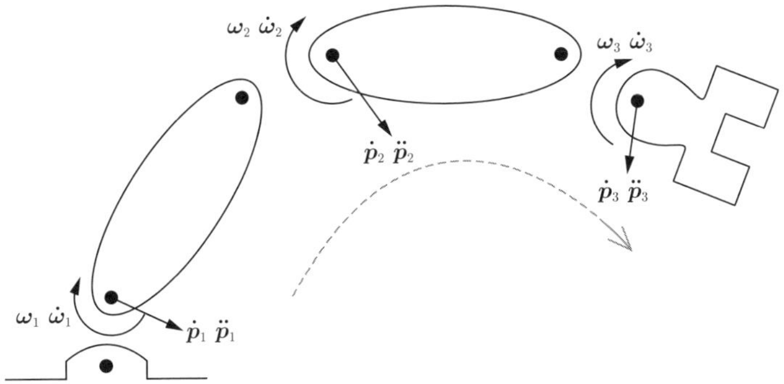

図 9.3：ニュートン・オイラー法：運動学的関係式

$$
{}^{0}\ddot{\boldsymbol{s}}_i = {}^{0}\ddot{\boldsymbol{p}}_i + {}^{0}\dot{\boldsymbol{\omega}}_i \times \left({}^{0}\boldsymbol{R}_i{}^{i}\widehat{\boldsymbol{s}}_i\right) + {}^{0}\boldsymbol{\omega}_i \times \left[{}^{0}\boldsymbol{\omega}_i \times \left({}^{0}\boldsymbol{R}_i{}^{i}\widehat{\boldsymbol{s}}_i\right)\right] \tag{9.39}
$$

と求めることができます．

9.5 ニュートンとオイラーの運動方程式

運動学の関係から，リンク (i) の運動 q_i がわかれば，根元のリンクから，${}^{0}\ddot{\boldsymbol{s}}_i$ と ${}^{0}\dot{\boldsymbol{\omega}}_i$ が計算できることがわかりました．ニュートンの運動方程式から，リンク (i) が加速度 ${}^{0}\ddot{\boldsymbol{s}}_i$ で動いているときには，重心に慣性による外力

$$
{}^{0}\widehat{\boldsymbol{f}}_i = m_i{}^{0}\ddot{\boldsymbol{s}}_i \tag{9.40}
$$

が作用します（**図 9.4**）．ここで，m_i はリンク (i) の質量です．

同様に，オイラーの運動方程式から，回転角速度 ${}^{0}\dot{\boldsymbol{\omega}}_i$ で動いているときには，重心

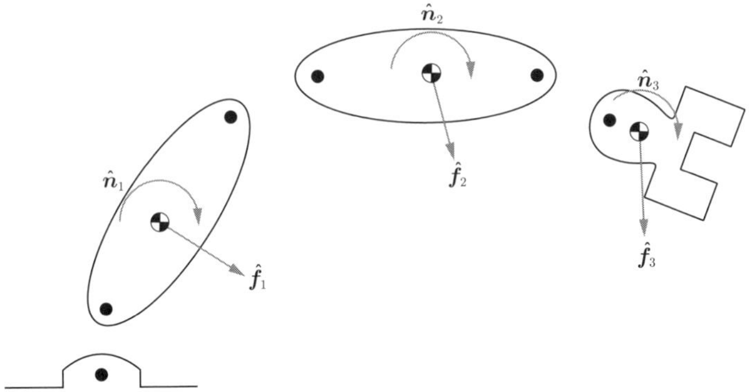

図 9.4：ニュートン・オイラー法：ニュートンとオイラーの運動方程式

回りに慣性による外部モーメント

$$ {}^0\hat{\boldsymbol{n}}_i = {}^0\boldsymbol{I}_i {}^0\dot{\boldsymbol{\omega}}_i + {}^0\boldsymbol{\omega}_i \times \left({}^0\boldsymbol{I}_i {}^0\boldsymbol{\omega}_i\right) \tag{9.41} $$

が生じます．これらの運動方程式 (9.40)，(9.41) は，各リンクの重心加速度 ${}^0\ddot{\boldsymbol{s}}_i$，角加速度 ${}^0\dot{\boldsymbol{\omega}}_i$ が与えられたときに，リンク（i）の慣性による外力，外部モーメントを求める式であり，各リンクごとに計算ができます（漸化的な計算ではありません）．

9.6 リンク内の力とモーメントのつり合い

リンク（i）には，慣性による外力，外部モーメントのほか，その根元側のリンク（$i-1$）と，手先側のリンク（$i+1$）から力とモーメントを受けます（**図 9.5**）．リンク（$i-1$）からリンク（i）に加えられる力とモーメントをそれぞれ，${}^0\boldsymbol{f}_i$，${}^0\boldsymbol{n}_i$ とすると，リンク（i）に関する力のつり合いの式は

$$ -{}^0\boldsymbol{f}_i + {}^0\boldsymbol{f}_{i+1} + {}^0\hat{\boldsymbol{f}}_i = \boldsymbol{0} \tag{9.42} $$

リンク（i）座標系の原点回りの，リンク (i) に関するモーメントのつり合いの式は

$$ -{}^0\boldsymbol{n}_i + {}^0\boldsymbol{n}_{i+1} + {}^0\hat{\boldsymbol{n}}_i + \left({}^0\boldsymbol{R}_i {}^i\boldsymbol{p}_{i,i+1}\right) \times {}^0\boldsymbol{f}_{i+1} + \left({}^0\boldsymbol{R}_i {}^i\hat{\boldsymbol{s}}_i\right) \times {}^0\hat{\boldsymbol{f}}_i = \boldsymbol{0} \tag{9.43} $$

となります（作用・反作用の関係がありますので，符号に注意してください）．これらの式を変形すると

$$ {}^0\boldsymbol{f}_i = {}^0\boldsymbol{f}_{i+1} + {}^0\hat{\boldsymbol{f}}_i \tag{9.44} $$

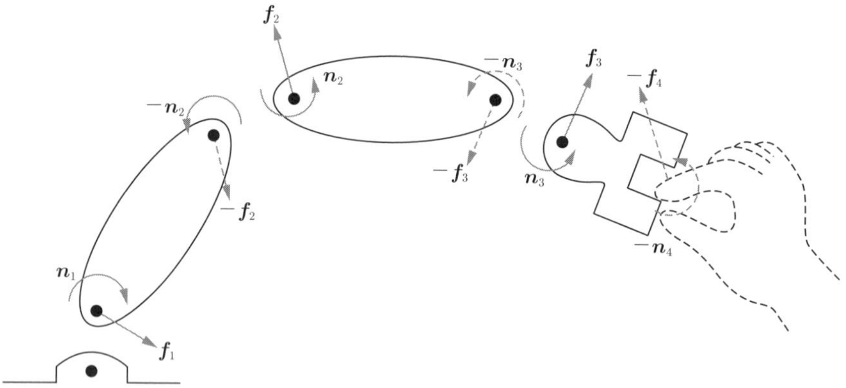

図 9.5：ニュートン・オイラー法：リンク内の力とモーメントのつり合い

$$
{}^{0}\boldsymbol{n}_i = {}^{0}\boldsymbol{n}_{i+1} + {}^{0}\widehat{\boldsymbol{n}}_i + \left({}^{0}\boldsymbol{R}_i{}^{i}\boldsymbol{p}_{i,i+1}\right) \times {}^{0}\boldsymbol{f}_{i+1} + \left({}^{0}\boldsymbol{R}_i{}^{i}\widehat{\boldsymbol{s}}_i\right) \times {}^{0}\widehat{\boldsymbol{f}}_i \tag{9.45}
$$

となります．

これらのリンク内の力とモーメントのつり合いに関する式は，手先から順番に，リンク $(i+1)$ にかかる力とモーメントがわかれば，それに慣性による外力，外部モーメントを加算することで，リンク (i) にかかる力とモーメントがわかる式になっています．運動学的な関係式が根元から手先に向かって計算されるのに対して，力とモーメントは，手先から根元に向かって計算される，ということを理解しましょう．

9.7 ニュートン・オイラー法による運動方程式

${}^{0}\boldsymbol{f}_i$，${}^{0}\boldsymbol{n}_i$ は，リンク $(i-1)$ からリンク (i) に加えられる力とモーメントなので，例えば，関節 (i) が回転関節だと，このモーメントのうち ${}^{0}\boldsymbol{z}_i$ 軸方向だけがモータに伝わり，それ以外の成分は，リンクとリンクの間の軸受けなどの構造物が反力を発生するので

$$
\tau_i = {}^{0}\boldsymbol{z}_i{}^{T}\,{}^{0}\boldsymbol{n}_i \tag{9.46}
$$

同様に，関節 (i) が直動関節だと

$$
\tau_i = {}^{0}\boldsymbol{z}_i{}^{T}\,{}^{0}\boldsymbol{f}_i \tag{9.47}
$$

となります（**図 9.6**）．関節部の摩擦を考慮するには，これらの式に，摩擦に関する項を加えることで，回転関節の場合には

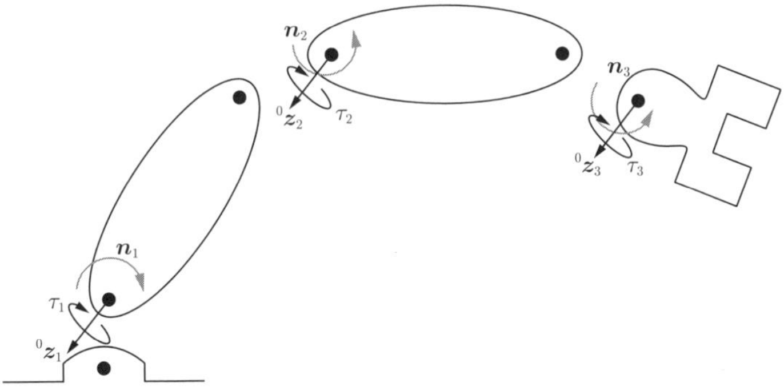

図 9.6：ニュートン・オイラー法：リンク間に作用するモーメントとモータのトルク

$$\tau_i = {}^0\boldsymbol{z}_i{}^{T\,0}\boldsymbol{n}_i + (\text{摩擦に関する項}) \tag{9.48}$$

直動関節の場合には

$$\tau_i = {}^0\boldsymbol{z}_i{}^{T\,0}\boldsymbol{f}_i + (\text{摩擦に関する項}) \tag{9.49}$$

とします．

ここまで求めてきた，（a）運動学的関係式，（b）ニュートンとオイラーの運動方程式，（c）リンク内の力とモーメントのつり合い，（d）力・モーメントと関節トルクの関係をすべて集めた方程式全体は

$${}^0\boldsymbol{\omega}_i = \begin{cases} {}^0\boldsymbol{\omega}_{i-1} + {}^0\boldsymbol{R}_i\boldsymbol{e}_z\dot{q}_i & (\text{回転関節}) \\ {}^0\boldsymbol{\omega}_{i-1} & (\text{直動関節}) \end{cases} \tag{9.50}$$

$${}^0\dot{\boldsymbol{\omega}}_i = \begin{cases} {}^0\dot{\boldsymbol{\omega}}_{i-1} + {}^0\boldsymbol{R}_i\boldsymbol{e}_z\ddot{q}_i + {}^0\boldsymbol{\omega}_{i-1} \times ({}^0\boldsymbol{R}_i\boldsymbol{e}_z\dot{q}_i) & (\text{回転関節}) \\ {}^0\dot{\boldsymbol{\omega}}_{i-1} & (\text{直動関節}) \end{cases} \tag{9.51}$$

$${}^0\ddot{\boldsymbol{p}}_i = \begin{cases} {}^0\ddot{\boldsymbol{p}}_{i-1} + {}^0\dot{\boldsymbol{\omega}}_{i-1} \times \left({}^0\boldsymbol{R}_{i-1}{}^{i-1}\boldsymbol{p}_{i-1,i}\right) \\ \qquad + {}^0\boldsymbol{\omega}_{i-1} \times \left[{}^0\boldsymbol{\omega}_{i-1} \times \left({}^0\boldsymbol{R}_{i-1}{}^{i-1}\boldsymbol{p}_{i-1,i}\right)\right] & (\text{回転関節}) \\ {}^0\ddot{\boldsymbol{p}}_{i-1} + {}^0\boldsymbol{R}_i\boldsymbol{e}_z\ddot{q}_i + 2{}^0\boldsymbol{\omega}_{i-1} \times ({}^0\boldsymbol{R}_i\boldsymbol{e}_z\dot{q}_i) \\ \qquad + {}^0\dot{\boldsymbol{\omega}}_{i-1} \times \left({}^0\boldsymbol{R}_{i-1}{}^{i-1}\boldsymbol{p}_{i-1,i}\right) \\ \qquad + {}^0\boldsymbol{\omega}_{i-1} \times \left[{}^0\boldsymbol{\omega}_{i-1} \times \left({}^0\boldsymbol{R}_{i-1}{}^{i-1}\boldsymbol{p}_{i-1,i}\right)\right] & (\text{直動関節}) \end{cases} \tag{9.52}$$

$${}^0\ddot{\boldsymbol{s}}_i = {}^0\ddot{\boldsymbol{p}}_i + {}^0\dot{\boldsymbol{\omega}}_i \times \left({}^0\boldsymbol{R}_i{}^i\hat{\boldsymbol{s}}_i\right) + {}^0\boldsymbol{\omega}_i \times \left[{}^0\boldsymbol{\omega}_i \times \left({}^0\boldsymbol{R}_i{}^i\hat{\boldsymbol{s}}_i\right)\right] \tag{9.53}$$

$${}^0\hat{\boldsymbol{f}}_i = m_i{}^0\ddot{\boldsymbol{s}}_i \tag{9.54}$$

$${}^0\hat{\boldsymbol{n}}_i = {}^0\boldsymbol{I}_i{}^0\dot{\boldsymbol{\omega}}_i + {}^0\boldsymbol{\omega}_i \times \left({}^0\boldsymbol{I}_i{}^0\boldsymbol{\omega}_i\right) \tag{9.55}$$

$${}^0\boldsymbol{f}_i = {}^0\boldsymbol{f}_{i+1} + {}^0\hat{\boldsymbol{f}}_i \tag{9.56}$$

$${}^0\boldsymbol{n}_i = {}^0\boldsymbol{n}_{i+1} + {}^0\hat{\boldsymbol{n}}_i + \left({}^0\boldsymbol{R}_i{}^i\boldsymbol{p}_{i,i+1}\right) \times {}^0\boldsymbol{f}_{i+1} + \left({}^0\boldsymbol{R}_i{}^i\hat{\boldsymbol{s}}_i\right) \times {}^0\hat{\boldsymbol{f}}_i \tag{9.57}$$

$$\tau_i = \begin{cases} {}^0\boldsymbol{z}_i{}^{T\,0}\boldsymbol{n}_i & (\text{回転関節}) \\ {}^0\boldsymbol{z}_i{}^{T\,0}\boldsymbol{f}_i & (\text{直動関節}) \end{cases} \tag{9.58}$$

となります．ここで，(回転関節）は，関節（i）が回転関節の場合，(直動関節）は直動関節の場合をそれぞれ示しています．これらの式全体のセットで，運動方程式となります．2 自由度ロボットの場合にどうなるかについて，具体的には次節で計算します．

これらの式をコンピュータに実装する場合，計算の順序が問題となります．式 (9.50), (9.51), (9.52) を 1 から n まで計算して，すべての加速度 ${}^0\ddot{\boldsymbol{p}}_i$，${}^0\dot{\boldsymbol{\omega}}_i$ を求め，式 (9.53),

(9.54)，(9.55) によって，慣性による外力 ${}^0\hat{\boldsymbol{f}}_i$ と，外部モーメント ${}^0\hat{\boldsymbol{n}}_i$ を計算します．そして，式 (9.56)，(9.57) で，手先から根元に向かって，力 ${}^0\boldsymbol{f}_i$，モーメント ${}^0\boldsymbol{n}_i$ を計算し，これらに基づいて，式 (9.58) で，関節力・モーメント τ_i を求めることができます．これらの式は，$\boldsymbol{q}$，$\dot{\boldsymbol{q}}$，$\ddot{\boldsymbol{q}}$ が与えられたときに

$$\boldsymbol{\tau} = \boldsymbol{M}(\boldsymbol{q})\ddot{\boldsymbol{q}} + \boldsymbol{h}(\boldsymbol{q}, \dot{\boldsymbol{q}}) \tag{9.59}$$

を漸化的に計算して，$\boldsymbol{\tau}$ を求める形になっている，ということです．

式 (9.50) から (9.58) は，ベクトルの参照座標系を基準座標系として導出されています．したがって，例えばリンク (i) の慣性行列 ${}^0\boldsymbol{I}_i$ は，リンクが基準座標系に対して運動すると，値が変わってしまいます．慣性行列を，そのリンク自身の座標系から考えることができれば，ロボットの姿勢が変わっても一定の値を使うことができます．

参照座標系を各リンク座標系にするには，左から ${}^0\boldsymbol{R}_i{}^T$ をかけて座標系を変換することで

$${}^i\boldsymbol{\omega}_i = \begin{cases} {}^{i-1}\boldsymbol{R}_i{}^T\,{}^{i-1}\boldsymbol{\omega}_{i-1} + \boldsymbol{e}_z\dot{q}_i & (\text{回転関節}) \\ {}^{i-1}\boldsymbol{R}_i{}^T\,{}^{i-1}\boldsymbol{\omega}_{i-1} & (\text{直動関節}) \end{cases} \tag{9.60}$$

$${}^i\dot{\boldsymbol{\omega}}_i = \begin{cases} {}^{i-1}\boldsymbol{R}_i{}^T\,{}^{i-1}\dot{\boldsymbol{\omega}}_{i-1} + \boldsymbol{e}_z\ddot{q}_i + \left({}^{i-1}\boldsymbol{R}_i{}^T\,{}^{i-1}\boldsymbol{\omega}_{i-1}\right) \times \boldsymbol{e}_z\dot{q}_i & (\text{回転関節}) \\ {}^{i-1}\boldsymbol{R}_i{}^T\,{}^{i-1}\dot{\boldsymbol{\omega}}_{i-1} & (\text{直動関節}) \end{cases} \tag{9.61}$$

$${}^i\ddot{\boldsymbol{p}}_i = \begin{cases} {}^{i-1}\boldsymbol{R}_i{}^T\left[{}^{i-1}\ddot{\boldsymbol{p}}_{i-1} + {}^{i-1}\dot{\boldsymbol{\omega}}_{i-1} \times {}^{i-1}\boldsymbol{p}_{i-1,i} \right. \\ \quad \left. + {}^{i-1}\boldsymbol{\omega}_{i-1} \times \left({}^{i-1}\boldsymbol{\omega}_{i-1} \times {}^{i-1}\boldsymbol{p}_{i-1,i}\right)\right] & (\text{回転関節}) \\ {}^{i-1}\boldsymbol{R}_i{}^T\left[{}^{i-1}\ddot{\boldsymbol{p}}_{i-1} + {}^{i-1}\dot{\boldsymbol{\omega}}_{i-1} \times {}^{i-1}\boldsymbol{p}_{i-1,i} \right. \\ \quad \left. + {}^{i-1}\boldsymbol{\omega}_{i-1} \times \left({}^{i-1}\boldsymbol{\omega}_{i-1} \times {}^{i-1}\boldsymbol{p}_{i-1,i}\right)\right] \\ \quad + 2\left({}^{i-1}\boldsymbol{R}_i{}^T\,{}^{i-1}\boldsymbol{\omega}_{i-1}\right) \times (\boldsymbol{e}_z\dot{q}_i) + \boldsymbol{e}_z\ddot{q}_i & (\text{直動関節}) \end{cases} \tag{9.62}$$

$${}^i\ddot{\boldsymbol{s}}_i = {}^i\ddot{\boldsymbol{p}}_i + {}^i\dot{\boldsymbol{\omega}}_i \times {}^i\hat{\boldsymbol{s}}_i + {}^i\boldsymbol{\omega}_i \times \left({}^i\boldsymbol{\omega}_i \times {}^i\hat{\boldsymbol{s}}_i\right) \tag{9.63}$$

$${}^i\hat{\boldsymbol{f}}_i = m_i\,{}^i\ddot{\boldsymbol{s}}_i \tag{9.64}$$

$${}^i\hat{\boldsymbol{n}}_i = {}^i\boldsymbol{I}_i\,{}^i\dot{\boldsymbol{\omega}}_i + {}^i\boldsymbol{\omega}_i \times \left({}^i\boldsymbol{I}_i\,{}^i\boldsymbol{\omega}_i\right) \tag{9.65}$$

$${}^i\boldsymbol{f}_i = {}^i\boldsymbol{R}_{i+1}\,{}^{i+1}\boldsymbol{f}_{i+1} + {}^i\hat{\boldsymbol{f}}_i \tag{9.66}$$

$${}^i\boldsymbol{n}_i = {}^i\boldsymbol{R}_{i+1}\,{}^{i+1}\boldsymbol{n}_{i+1} + {}^i\hat{\boldsymbol{n}}_i + {}^i\boldsymbol{p}_{i,i+1} \times \left({}^i\boldsymbol{R}_{i+1}\,{}^{i+1}\boldsymbol{f}_{i+1}\right) + {}^i\hat{\boldsymbol{s}}_i \times {}^i\hat{\boldsymbol{f}}_i \tag{9.67}$$

$$\tau_i = \begin{cases} \boldsymbol{e}_z{}^T\,{}^i\boldsymbol{n}_i & (\text{回転関節}) \\ \boldsymbol{e}_z{}^T\,{}^i\boldsymbol{f}_i & (\text{直動関節}) \end{cases} \tag{9.68}$$

と求めることができます．

重力項についても触れておきましょう．ここまでは，重力を考慮せずに変形してきましたが，${}^0\ddot{\boldsymbol{p}}_0 = -\boldsymbol{g}$ とすることで，自動的に全リンクに重力項を考慮することができます．

9.8 ニュートン・オイラー法を用いた 2 自由度アームの運動方程式

ニュートン・オイラー法によって導かれる運動方程式が，ラグランジュの運動方程式と一致することを，2 自由度ロボットアームについて計算することで確かめておきましょう．なお，ロボット制御を設計するだけであれば，このような計算は無意味です．ここでは，違うプロセスで求められた 2 種類の運動方程式が一致することを確認するために，計算をしておきます．各リンク座標系に関する回転行列は

$$
{}^0\boldsymbol{R}_1 = \begin{bmatrix} C_1 & -S_1 & 0 \\ S_1 & C_1 & 0 \\ 0 & 0 & 1 \end{bmatrix} \tag{9.69}
$$

$$
{}^1\boldsymbol{R}_2 = \begin{bmatrix} C_2 & -S_2 & 0 \\ S_2 & C_2 & 0 \\ 0 & 0 & 1 \end{bmatrix} \tag{9.70}
$$

となります．重力ベクトルは，$-Y$ 方向ですので

$$
\boldsymbol{g} = \begin{bmatrix} 0 \\ -g \\ 0 \end{bmatrix} \tag{9.71}
$$

となります．各リンクのパラメータについては，長さベクトルが

$$
{}^0\boldsymbol{p}_1 = \boldsymbol{0} \tag{9.72}
$$

$$
{}^1\boldsymbol{p}_2 = \begin{bmatrix} l_1 \\ 0 \\ 0 \end{bmatrix} \tag{9.73}
$$

慣性行列は

$$ {}^1\boldsymbol{I}_1 = \begin{bmatrix} * & * & * \\ * & * & * \\ * & * & I_1 \end{bmatrix} \tag{9.74} $$

$$ {}^1\boldsymbol{I}_2 = \begin{bmatrix} * & * & * \\ * & * & * \\ * & * & I_2 \end{bmatrix} \tag{9.75} $$

各リンクの重心位置は

$$ {}^1\boldsymbol{s}_1 = \begin{bmatrix} l_{g1} \\ 0 \\ 0 \end{bmatrix} \tag{9.76} $$

$$ {}^2\boldsymbol{s}_2 = \begin{bmatrix} l_{g2} \\ 0 \\ 0 \end{bmatrix} \tag{9.77} $$

などと書くことにします．慣性行列に関しては，紙面内の運動にかかわる要素しか意味を持たないので，それ以外に関する項は，$*$ としてあります．

手先に外部から力やモーメントがかからない場合には

$$ {}^3\boldsymbol{f}_3 = \boldsymbol{0} \tag{9.78} $$

$$ {}^3\boldsymbol{n}_3 = \boldsymbol{0} \tag{9.79} $$

となります．リンク（0），つまり基準座標系に関しては

$$ {}^0\ddot{\boldsymbol{p}}_0 = -\boldsymbol{g} \tag{9.80} $$

$$ {}^0\boldsymbol{\omega}_0 = \boldsymbol{0} \tag{9.81} $$

$$ {}^0\dot{\boldsymbol{\omega}}_0 = \boldsymbol{0} \tag{9.82} $$

が，漸化的計算の初期値になります．まず，運動学的関係をリンク（1），リンク（2）の順番に計算すると，角速度，角加速度は

$$ {}^1\boldsymbol{\omega}_1 = \begin{bmatrix} 0 \\ 0 \\ \dot{\theta}_1 \end{bmatrix}, \quad {}^2\boldsymbol{\omega}_2 = \begin{bmatrix} 0 \\ 0 \\ \dot{\theta}_1 + \dot{\theta}_2 \end{bmatrix} \tag{9.83} $$

$$
{}^1\dot{\boldsymbol{\omega}}_1 = \begin{bmatrix} 0 \\ 0 \\ \ddot{\theta}_1 \end{bmatrix}, \quad {}^2\dot{\boldsymbol{\omega}}_2 = \begin{bmatrix} 0 \\ 0 \\ \ddot{\theta}_1 + \ddot{\theta}_2 \end{bmatrix} \tag{9.84}
$$

となり，加速度ベクトルを計算すると

$$
{}^1\ddot{\boldsymbol{p}}_1 = \begin{bmatrix} S_1 g \\ C_1 g \\ 0 \end{bmatrix} \tag{9.85}
$$

$$
{}^2\ddot{\boldsymbol{p}}_2 = \begin{bmatrix} S_{12}g - l_1\left(C_2\dot{\theta}_1^2 - S_2\ddot{\theta}_1\right) \\ C_{12}g + l_1\left(S_2\dot{\theta}_1^2 + C_2\ddot{\theta}_1\right) \\ 0 \end{bmatrix} \tag{9.86}
$$

となります．これらから，重心の加速度は

$$
{}^1\ddot{\boldsymbol{s}}_1 = \begin{bmatrix} S_1 g - l_{g1}\dot{\theta}_1^2 \\ C_1 g + l_{g1}\ddot{\theta}_1 \\ 0 \end{bmatrix} \tag{9.87}
$$

$$
{}^2\ddot{\boldsymbol{s}}_2 = \begin{bmatrix} S_{12}g - l_1\left(C_2\dot{\theta}_1^2 - S_2\ddot{\theta}_1\right) - l_{g2}\left(\dot{\theta}_1 + \dot{\theta}_2\right)^2 \\ C_{12}g + l_1\left(S_2\dot{\theta}_1^2 + C_2\ddot{\theta}_1\right) + l_{g2}\left(\ddot{\theta}_1 + \ddot{\theta}_2\right) \\ 0 \end{bmatrix} \tag{9.88}
$$

と計算することができます．ニュートンの運動方程式は

$$
{}^1\hat{\boldsymbol{f}}_1 = m_1 {}^1\ddot{\boldsymbol{s}}_1 \tag{9.89}
$$

$$
{}^2\hat{\boldsymbol{f}}_2 = m_2 {}^2\ddot{\boldsymbol{s}}_2 \tag{9.90}
$$

オイラーの運動方程式は

$$
{}^1\hat{\boldsymbol{n}}_1 = \begin{bmatrix} * \\ * \\ I_1\ddot{\theta}_1 \end{bmatrix} \tag{9.91}
$$

$$
{}^2\hat{\boldsymbol{n}}_2 = \begin{bmatrix} * \\ * \\ I_2\left(\ddot{\theta}_1 + \ddot{\theta}_2\right) \end{bmatrix} \tag{9.92}
$$

となりますので，力のつり合いより

$$
{}^{2}\boldsymbol{f}_2 = m_2 {}^{2}\ddot{\boldsymbol{s}}_2 \tag{9.93}
$$

$$
{}^{1}\boldsymbol{f}_1 = m_2 {}^{1}\boldsymbol{R}_2 {}^{2}\ddot{\boldsymbol{s}}_2 + m_1 {}^{1}\ddot{\boldsymbol{s}}_1 \tag{9.94}
$$

モーメントのつり合いより

$$
{}^{2}\boldsymbol{n}_2 = \begin{bmatrix} * \\ * \\ I_2\left(\ddot{\theta}_1 + \ddot{\theta}_2\right) + m_2 l_{g2}\left\{C_{12}g + l_1(S_2\dot{\theta}_1^2 + C_2\ddot{\theta}_1) + l_{g2}(\ddot{\theta}_1 + \ddot{\theta}_2)\right\} \end{bmatrix} \tag{9.95}
$$

$$
{}^{1}\boldsymbol{n}_1 = \begin{bmatrix} * \\ * \\ \begin{aligned} & I_2\left(\ddot{\theta}_1 + \ddot{\theta}_2\right) + m_2 l_{g2}\left\{C_{12}g + l_1(S_2\dot{\theta}_1^2 + C_2\ddot{\theta}_1) + l_{g2}(\ddot{\theta}_1 + \ddot{\theta}_2)\right\} \\ & \quad + I_1\ddot{\theta}_1 + m_1 l_{g1}(C_1 g + l_{g1}\ddot{\theta}_1) \\ & \quad + m_2\left\{{l_1}^2\ddot{\theta}_1 + l_1 l_{g2}C_2(\ddot{\theta}_1 + \ddot{\theta}_2) - l_1 l_{g2}S_2(\dot{\theta}_1 + \dot{\theta}_2)^2 + g l_1 C_1\right\} \end{aligned} \end{bmatrix} \tag{9.96}
$$

となります．また，各軸のトルクは

$$
\tau_1 = \begin{bmatrix} 0 \\ 0 \\ 1 \end{bmatrix}^T {}^{1}\boldsymbol{n}_1 \tag{9.97}
$$

$$
\tau_2 = \begin{bmatrix} 0 \\ 0 \\ 1 \end{bmatrix}^T {}^{2}\boldsymbol{n}_2 \tag{9.98}
$$

ですので，これに上式を代入すると，運動方程式を得ます．得られた運動方程式は，ラグランジュの方法で求めた運動方程式と同じであることも，確認できます．

繰り返し注意しておきますが，本節は，ニュートン・オイラー法によって導かれる運動方程式が，ラグランジュの運動方程式と一致することを確認する検算であって，実際にニュートン・オイラー法を使うときには，このように各行列の内容を実際に計算する，という手続きは発生しません．ニュートン・オイラー法は，すべてのリンクについての計算を機械的に進める手順を書いた方法であり，ロボットの構成が変わっても，同じ計算パッケージを利用できる，とするのが正しい理解です．

9.9 本章のまとめ

第 9 章，ロボットの運動方程式のまとめは以下の通りです．

（1）ロボットシステムの運動エネルギとポテンシャルエネルギを求め，ラグランジュの方法によって運動方程式を求めることができる．求められた方程式は，直感的にわかりやすい形をしている．

（2）ニュートン・オイラー法は，リンク間の速度・加速度の関係式，ニュートンとオイラーの運動方程式，リンク内の力とモーメントのつり合い式から構成される．現時刻の状態がわかっているときに，目標となる加速度を与えれば，それを実現するための関節駆動力を求めることができる．

（3）ラグランジュの方法とニュートン・オイラー法は，運動方程式の記述の方法が違うだけで，それぞれを使った計算結果はもちろん一致する．

10 運動方程式とロボット制御

ロボットの運動方程式は一般に

$$M(q)\ddot{q} + h(q, \dot{q}) + g(q) = \tau$$

と書けます．この式は，数学的にはロボットの動特性を表しているだけなのですが，使い方によってはいろいろな解釈ができます．まずは，現在の状態 q，$\dot{q}$ がわかっているとき，τ という入力によって，ロボットがどのような加速度 $\ddot{q}$ で動くかを計算することができます．この性質を使えば，ロボットにある制御則が適用されたとき，システム全体がどのような動きをするかを調べることができます．本章の前半では，この式を用いて，各軸フィードバックによってロボットシステム全体の挙動がどうなるかを調べます．

運動方程式はまた，ロボットの現在の状態 q，$\dot{q}$ がわかっているとき，ある加速度 $\ddot{q}$ で動かそうとすると，各軸にどのような入力 τ を入力すればよいかを計算することにも使うことができます．これを利用することで，ロボットの動的制御を設計することができます．本章の後半では，こういった動的制御によってロボットシステム全体の動特性を変化させ，望みの特性を得る方法について紹介します．

10.1 各軸フィードバック制御

図 10.1 に，一般的なロボット制御のブロック線図を示します．ロボットの現在の状態は，状態変数 q，$\dot{q}$ によって記述されます．各種の制御則は，状態変数（あるいはその一部）を使い，与えられた目標値 $q_d(t)$ に応じて出力 τ を計算します．このようなフィードバックシステム全体が安定であるかどうかは，各種の制御則，ロボットの動特性を組み合わせた全体の動特性を解析することでわかります．

産業用ロボットのように，各軸を駆動するモータに，比較的大きな減速比の減速機構が備わっている場合，各軸に個別のフィードバックを適用すると，ロボットは特に

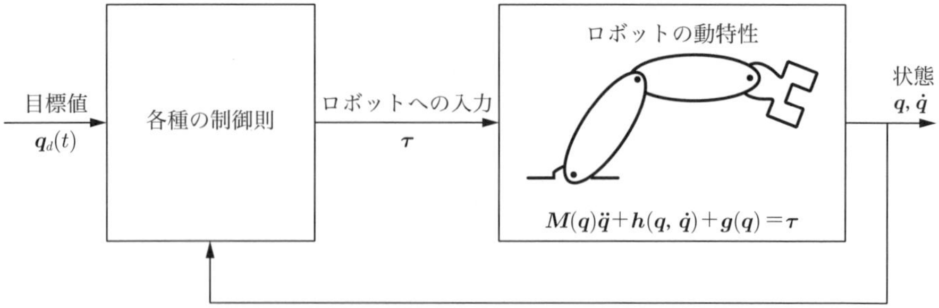

図 10.1：一般的なロボット制御のブロック線図．ロボットの動特性，目標値，各種の制御則

不安定化することなく動きます．ロボットを使ったことがある人は，経験的にこの事実を知っていますが，運動方程式を使うと，どうしてこれが安定であるかを証明することができます（言い換えれば，各軸に付いている減速機の減速比が小さい場合には，各軸フィードバックはロボットを不安定化することもあるということです）．

ロボットの運動方程式が

$$\boldsymbol{M}(\boldsymbol{q})\ddot{\boldsymbol{q}}+\boldsymbol{h}(\boldsymbol{q},\dot{\boldsymbol{q}})+\boldsymbol{g}(\boldsymbol{q})=\boldsymbol{\tau} \tag{10.1}$$

と書けることを踏まえて，各軸フィードバック制御が安定となることを確認しましょう．一般のモータの場合，**図 10.2** に示されるように，減速機を介してロボットを駆動している場合がほとんどです．第 i 番目のモータの回転角 q_{ai} は，ロボットの関節角 q_i の減速比 g_{ri} 倍（$g_{ri} \geq 1$）になるとして

$$q_{ai}=g_{ri}q_i \tag{10.2}$$

となります．これを $i=1,\cdots,n$ について集めると

$$\begin{bmatrix} q_{a1} \\ q_{a2} \\ \vdots \\ q_{an} \end{bmatrix} = \begin{bmatrix} g_{r1} & 0 & 0 & 0 \\ 0 & g_{r2} & 0 & 0 \\ 0 & 0 & \ddots & \vdots \\ 0 & 0 & \cdots & g_{rn} \end{bmatrix} \begin{bmatrix} q_1 \\ q_2 \\ \vdots \\ q_n \end{bmatrix}$$

$$\boldsymbol{q}_a=\boldsymbol{G}_r\boldsymbol{q} \tag{10.3}$$

です．また，モータが減速機に発生する回転トルク τ_{ai} の減速比 g_{ri} 倍の回転トルクが，ロボットの関節にかかるトルク τ_i になるので

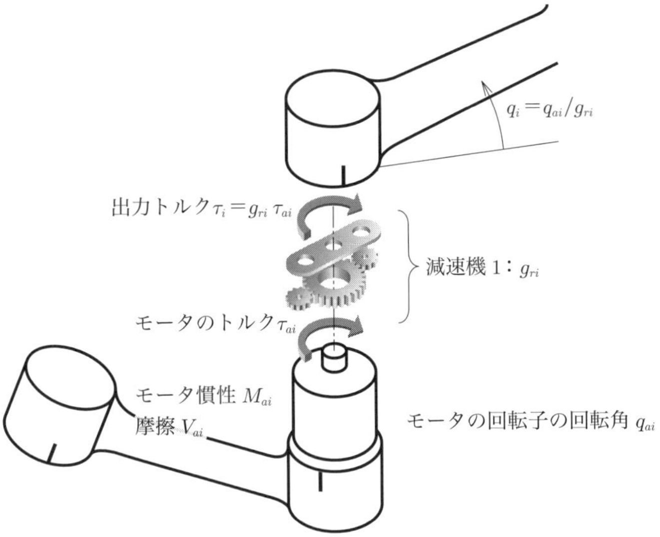

図 10.2：モータの動特性

$$\tau_i = g_{ri}\tau_{ai} \tag{10.4}$$

です．これを式 (10.3) と同様に

$$\boldsymbol{\tau} = \boldsymbol{G}_r\boldsymbol{\tau}_a \tag{10.5}$$

と書きます．

各モータの回転子の運動方程式を集めて

$$\boldsymbol{M}_a\ddot{\boldsymbol{q}}_a + \boldsymbol{V}_a\dot{\boldsymbol{q}}_a + \boldsymbol{\tau}_a = \boldsymbol{\tau}_m \tag{10.6}$$

と書きます．ただし，$\boldsymbol{M}_a$ は，各モータの回転子の慣性モーメントを対角に並べた行列，$\boldsymbol{V}_a$ は，各モータの回転子についての粘性摩擦係数を対角に並べた行列，$\boldsymbol{\tau}_m$ は，磁界によって，回転子に生じるトルクを集めたベクトル，$\boldsymbol{\tau}_a$ は，減速機がロボットのリンクに働きかけるトルクを集めたベクトルです．式 (10.1) から (10.6) より，モータとロボットアームを合わせたシステム全体の運動方程式は

$$\boldsymbol{G}_r\boldsymbol{\tau}_m = [\boldsymbol{G}_r\boldsymbol{M}_a\boldsymbol{G}_r + \boldsymbol{M}(\boldsymbol{q})]\,\ddot{\boldsymbol{q}} + \boldsymbol{h}(\boldsymbol{q},\dot{\boldsymbol{q}}) + \boldsymbol{G}_r\boldsymbol{V}_a\boldsymbol{G}_r\dot{\boldsymbol{q}} + \boldsymbol{g}(\boldsymbol{q}) \tag{10.7}$$

となります．このシステムに，各軸についての位置と速度のフィードバック制御則

$$\boldsymbol{\tau}_m = \boldsymbol{G}_r{}^{-1}\left\{\boldsymbol{K}_p\left(\boldsymbol{q}_d - \boldsymbol{q}\right) - \boldsymbol{K}_v\dot{\boldsymbol{q}}\right\} \tag{10.8}$$

を適用します．ここで，$\boldsymbol{K}_p$，$\boldsymbol{K}_v$ はそれぞれ，位置と速度に関する対角のフィードバックゲイン行列です．先に定義した減速比の行列 $\boldsymbol{G}_r$ もまた対角ですので，式 (10.8) の右辺の係数行列はすべて対角であり，各軸ごとのフィードバック制御になっていることがわかります．閉ループの特性は式 (10.8) を (10.7) に代入することで

$$\begin{aligned}&[\boldsymbol{G}_r\boldsymbol{M}_a\boldsymbol{G}_r + \boldsymbol{M}(\boldsymbol{q})]\,\ddot{\boldsymbol{q}} + \boldsymbol{h}(\boldsymbol{q}, \dot{\boldsymbol{q}}) + \boldsymbol{G}_r\boldsymbol{V}_a\boldsymbol{G}_r\dot{\boldsymbol{q}} + \boldsymbol{K}_v\dot{\boldsymbol{q}} + \boldsymbol{g}(\boldsymbol{q})\\&\quad + \boldsymbol{K}_p\left(\boldsymbol{q} - \boldsymbol{q}_d\right) = \boldsymbol{0}\end{aligned} \tag{10.9}$$

となります．減速比 $\boldsymbol{G}_r$ が十分に大きければ

$$\begin{aligned}\boldsymbol{G}_r\boldsymbol{M}_a\boldsymbol{G}_r + \boldsymbol{M}(\boldsymbol{q}) &\sim \boldsymbol{G}_r\boldsymbol{M}_a\boldsymbol{G}_r\\ \boldsymbol{h}(\boldsymbol{q}, \dot{\boldsymbol{q}}) + \boldsymbol{G}_r\boldsymbol{V}_a\boldsymbol{G}_r\dot{\boldsymbol{q}} &\sim \boldsymbol{G}_r\boldsymbol{V}_a\boldsymbol{G}_r\dot{\boldsymbol{q}}\end{aligned}$$

と近似できるので，式 (10.9) は

$$\boldsymbol{G}_r\boldsymbol{M}_a\boldsymbol{G}_r\ddot{\boldsymbol{q}} + \boldsymbol{G}_r\boldsymbol{V}_a\boldsymbol{G}_r\dot{\boldsymbol{q}} + \boldsymbol{K}_v\dot{\boldsymbol{q}} + \boldsymbol{g}(\boldsymbol{q}) + \boldsymbol{K}_p\left(\boldsymbol{q} - \boldsymbol{q}_d\right) = \boldsymbol{0} \tag{10.10}$$

と近似できます．また，重力項 $\boldsymbol{g}(\boldsymbol{q})$ の時変成分は，$\boldsymbol{q}$ の三角関数なので，$||\boldsymbol{g}(\boldsymbol{q})||$ は有界となります．したがって，減速比 $\boldsymbol{G}_r$ が十分に大きく，かつフィードバックゲイン $\boldsymbol{K}_p$，$\boldsymbol{K}_v$ も十分に大きければ，相対的に重力項 $\boldsymbol{g}(\boldsymbol{q})$ の影響を無視することができるため，閉ループの特性はほぼ

$$\boldsymbol{G}_r\boldsymbol{M}_a\boldsymbol{G}_r\ddot{\boldsymbol{q}} + (\boldsymbol{G}_r\boldsymbol{V}_a\boldsymbol{G}_r + \boldsymbol{K}_v)\dot{\boldsymbol{q}} + \boldsymbol{K}_p\left(\boldsymbol{q} - \boldsymbol{q}_d\right) = \boldsymbol{0} \tag{10.11}$$

となります．左辺の各項の係数行列は全て対角なので，この式は，各関節について独立な式

$$g_{ri}m_{ai}g_{ri}\ddot{q}_i + (g_{ri}v_{ai}g_{ri} + K_{vi})\dot{q}_i + K_{pi}(q_i - q_{di}) = 0 \tag{10.12}$$

が並んだものです．一見複雑に見えますが，定数をまとめると，各関節ごとに

$$\ddot{q} + K_v{}'\dot{q} + K_p{}'(q - q_d) = 0 \tag{10.13}$$

の形に変形できることがわかります．これは，q に関する 2 次のシステムであり，コラムに示されるようにその収束特性はよく知られています．したがって，目標値 $\boldsymbol{q}_d$ への応答特性が望みのものになるように，$\boldsymbol{K}_v$，$\boldsymbol{K}_p$ を調整することができます．

これらの式は，ロボットの動特性について何の知識もなくても，減速比の大きいモータを使っていれば，各軸のフィードバックゲインを十分大きくすることで，ロボットを安定に動かすことができる，ということを示しています．逆に，減速比が小さい場合には，各軸フィードバックを何も考えずに適用すると，不安定化することもあるということです．

コラム　2次の動的システムの挙動

2次の動的システム

$$\ddot{q} + K_v\dot{q} + K_p(q - q_d) = 0 \tag{10.14}$$

の特性は，ラプラス変換を使ってその性質を見ることができます．q の初期値を 0 としてラプラス変換することによって

$$(s^2 + K_v s + K_p)Q(s) = K_p Q_d(s) \tag{10.15}$$

を得ます．これは，目標値 $Q_d(s)$ から，変位 $Q(s)$ の伝達関数が

$$\frac{Q(s)}{Q_d(s)} = \frac{K_p}{s^2 + K_v s + K_p} \tag{10.16}$$

という，2次系となることを示しています．制御工学分野では

$$\frac{Q(s)}{Q_d(s)} = \frac{{\omega_n}^2}{s^2 + 2\zeta\omega_n s + {\omega_n}^2} \tag{10.17}$$

と置き換え，減衰係数 ζ と固有角周波数 ω_n によって減衰特性と応答特性が詳しく調べられていますが，本書の読者であれば，ほとんどの方が制御工学を修め，その特性についてはすでに学習されていると思われるので，ここでは深く触れません．詳しく知りたい読者は，制御工学の教科書を参考にしてください．

ロボットは2次の物理システムなので，このように最終的に2次系の形に変形し，収束特性を設計するという方法がよくとられます．本書でもこのあと，動的制御で同じ方法を使って，フィードバック系の特性を設計することになります．

10.2 重力補償制御

前節の議論は，減速比 $\boldsymbol{G}_r$，フィードバックゲイン $\boldsymbol{K}_p$，$\boldsymbol{K}_v$ が十分に大きければ，$\boldsymbol{M}(\boldsymbol{q})$，$\boldsymbol{h}(\boldsymbol{q}, \dot{\boldsymbol{q}})$，$\boldsymbol{g}(\boldsymbol{q})$ を相対的に無視することができる，という近似によって証明さ

れていました．実は，このような近似が成り立たない場合にも，重力に関する補償を加えれば，制御が安定になることが知られています．式 (10.8) に重力補償項 $\boldsymbol{g}(\boldsymbol{q})$ を加えた各軸フィードバックは

$$\boldsymbol{\tau}_m = \boldsymbol{G}_r{}^{-1}\left\{\boldsymbol{K}_p\left(\boldsymbol{q}_d - \boldsymbol{q}\right) - \boldsymbol{K}_v\dot{\boldsymbol{q}} + \boldsymbol{g}(\boldsymbol{q})\right\} \tag{10.18}$$

となります．この制御則で，$\boldsymbol{q}$ を安定に一定値 $\boldsymbol{q}_d$ に収束させることができます．どのような重力がかかっているかを知ることができれば，それをあらかじめ勘案して，フィードバック制御を適用することで，減速比やフィードバックゲインが小さくても，ロボットを安定に動かすことができる，ということを示しています．証明には，リアプノフの安定定理を使います．

ロボットの運動方程式（再掲）は

$$\boldsymbol{M}(\boldsymbol{q})\ddot{\boldsymbol{q}} + \boldsymbol{h}(\boldsymbol{q}, \dot{\boldsymbol{q}}) + \boldsymbol{g}(\boldsymbol{q}) = \boldsymbol{\tau} \tag{10.19}$$

各モータの運動方程式を集めたもの（再掲）は

$$\boldsymbol{M}_a\ddot{\boldsymbol{q}}_a + \boldsymbol{V}_a\dot{\boldsymbol{q}}_a + \boldsymbol{\tau}_a = \boldsymbol{\tau}_m \tag{10.20}$$

です．また，モータの回転トルクと，関節の回転トルクの関係（再掲）は

$$\boldsymbol{\tau} = \boldsymbol{G}_r\boldsymbol{\tau}_a \tag{10.21}$$

モータの回転角と，関節の回転角の関係（再掲）は

$$\boldsymbol{q}_a = \boldsymbol{G}_r\boldsymbol{q} \tag{10.22}$$

です．これらの式に重力補償を加えた各軸フィードバック制御を適用すると

$$\begin{aligned}&\left[\boldsymbol{G}_r\boldsymbol{M}_a\boldsymbol{G}_r + \boldsymbol{M}(\boldsymbol{q})\right]\ddot{\boldsymbol{q}} + \boldsymbol{h}(\boldsymbol{q}, \dot{\boldsymbol{q}}) + \boldsymbol{G}_r\boldsymbol{V}_a\boldsymbol{G}_r\dot{\boldsymbol{q}} + \boldsymbol{K}_v\dot{\boldsymbol{q}}\\ &\quad + \boldsymbol{K}_p\left(\boldsymbol{q} - \boldsymbol{q}_d\right) = \boldsymbol{0}\end{aligned} \tag{10.23}$$

となります．いま，リアプノフ関数の候補として

$$V(t) = \frac{1}{2}\dot{\boldsymbol{q}}^T\left[\boldsymbol{G}_r\boldsymbol{M}_a\boldsymbol{G}_r + \boldsymbol{M}(\boldsymbol{q})\right]\dot{\boldsymbol{q}} + \frac{1}{2}\left(\boldsymbol{q} - \boldsymbol{q}_d\right)^T\boldsymbol{K}_p\left(\boldsymbol{q} - \boldsymbol{q}_d\right) \tag{10.24}$$

を選ぶと，その微分は

$$\dot{V}(t) = \dot{\boldsymbol{q}}^T\left\{\left[\boldsymbol{G}_r\boldsymbol{M}_a\boldsymbol{G}_r + \boldsymbol{M}(\boldsymbol{q})\right]\ddot{\boldsymbol{q}} + \frac{1}{2}\dot{\boldsymbol{M}}(\boldsymbol{q})\dot{\boldsymbol{q}}\right\} + \dot{\boldsymbol{q}}^T\boldsymbol{K}_p\left(\boldsymbol{q} - \boldsymbol{q}_d\right)$$

$$= -\dot{\boldsymbol{q}}^T \left[\boldsymbol{G}_r \boldsymbol{V}_a \boldsymbol{G}_r + \boldsymbol{K}_v \right] \dot{\boldsymbol{q}} + \dot{\boldsymbol{q}}^T \left\{ \frac{1}{2} \dot{\boldsymbol{M}}(\boldsymbol{q}) \dot{\boldsymbol{q}} - \boldsymbol{h}(\boldsymbol{q}, \dot{\boldsymbol{q}}) \right\} \tag{10.25}$$

となります．ここで，式 (9.27) より

$$\dot{\boldsymbol{q}}^T \left\{ \frac{1}{2} \dot{\boldsymbol{M}}(\boldsymbol{q}) \dot{\boldsymbol{q}} - \boldsymbol{h}(\boldsymbol{q}, \dot{\boldsymbol{q}}) \right\} = 0 \tag{10.26}$$

が成立することがわかっているので

$$\dot{V}(t) = -\dot{\boldsymbol{q}}^T \left[\boldsymbol{G}_r \boldsymbol{V}_a \boldsymbol{G}_r + \boldsymbol{K}_v \right] \dot{\boldsymbol{q}} \leq 0 \tag{10.27}$$

が得られます．ゆえに，$V(t)$ はリアプノフ関数であり，元の式を満足する解は $\boldsymbol{q}(t) = \boldsymbol{q}_d$ 以外にないことがわかります．したがって，この制御則 (10.18) によって，$\boldsymbol{q}$ は，漸近安定に平衡点 $\boldsymbol{q}_d$ に近づきます．

本節で用いている重力補償を加えた各軸フィードバック制御は，重力に関する項さえわかっていれば，ロボットを安定に動かすことができることを示しています．前出の重力補償のない各軸フィードバック制御と比較して，「各軸の減速比やフィードバックゲインが十分に大きい」，という条件がないことに注意をしておく必要があります．これは，重力補償しなければ，重力によって静的に生じる関節誤差をある範囲に抑えるために，大きな減速比や高いフィードバックゲインが必要であり，逆に，重力補償すれば，減速比の小さなモータを使ったり，各軸フィードバックゲインを下げることができることを示しています．

8.4 節で，重力の影響を考えないコンプライアンス制御について紹介しました．このコンプライアンス制御についても，同じように考えることができます．8.4 節での，重力の影響を考えないコンプライアンス制御では，手先の「仮想的な」弾性 $\boldsymbol{K}$ が小さいと，アーム全体が重力に引きずられて，下方に垂れ下がってしまうため，極端に柔らかい $\boldsymbol{K}$ を実現することができません．しかし，式 (8.37) に，本節で計算しているように重力をバイアス（加算）した

$$\boldsymbol{\tau} = -{\boldsymbol{J}_r}^T \boldsymbol{K} \boldsymbol{J}_r \Delta \boldsymbol{q} + \boldsymbol{g}(\boldsymbol{q}) \tag{10.28}$$

を用いることで，重力によって下方に垂れ下がることなく，柔らかいコンプライアンスを実現することができます（コラム：ソフトロボティクス）．

ここまでは，各軸フィードバック制御を，重力補償のない場合とある場合について，運動方程式を基にしてその安定性を証明してきました．次に，運動方程式で記述された動特性を直接使って，制御則を設計しましょう．

コラム　ソフトロボティクス

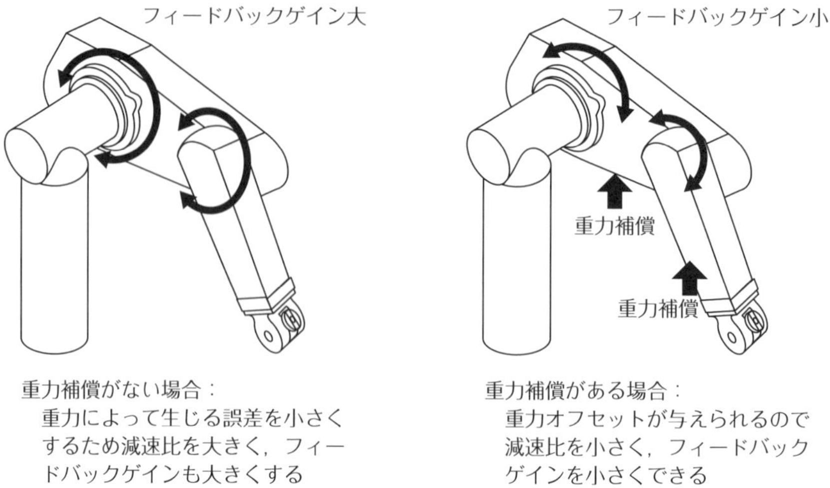
フィードバックゲイン大
フィードバックゲイン小
重力補償
重力補償
重力補償がない場合：
重力によって生じる誤差を小さくするため減速比を大きく，フィードバックゲインも大きくする
重力補償がある場合：
重力オフセットが与えられるので減速比を小さく，フィードバックゲインを小さくできる

図：重力補償と関節フィードバックゲインの関係．重力補償がない場合（左）ロボットが精度良く動くためには，フィードバックゲインを大きくする必要があります．一方，重力補償がある場合（右），フィードバックゲインを小さくする，つまりロボットを柔らかくすることができます．

近年，生物の柔らかさを模倣し，適応的なロボットを作る学問分野「ソフトロボティクス」が注目を集めています．この教科書でも触れているように，ロボットを柔らかく制御することと，重力補償には密接な関係があります．

地球上でロボットを動かす限り，重力は「バイアス」としてロボット全体を下方に引っ張ります．したがって，関節のフィードバックゲインを小さくして関節を柔らかくしたり，手先のコンプライアンスを小さくして，ロボット全体の特性を柔らかくしたりすると，バイアスとしての重力によって，関節に大きな誤差が生じます．

一方，幸いなことに重力は「バイアス」であり，あらかじめ自重を支える関節力を計算しておいて，それを取り除くことによって，重力による誤差を減らすことができます．これが重力補償です．式 (10.28) を見てもわかるように，重力補償は，$\boldsymbol{q}$ だけに依存する「静的な」加算，バイアスであることがわかります．重力に抗して，ロボットに柔らかく望みの運動をしてもらいたいときには，バイアスとしての重力を取り除く重力補償が重要になるのです．

10.3 運動方程式を基にした関節に関する動的制御

制御の対象となるロボットの運動は，運動方程式

$$\boldsymbol{M}(\boldsymbol{q})\ddot{\boldsymbol{q}} + \boldsymbol{h}(\boldsymbol{q}, \dot{\boldsymbol{q}}) + \boldsymbol{g}(\boldsymbol{q}) = \boldsymbol{\tau} \tag{10.29}$$

で表されます．入力 $\boldsymbol{\tau}$ を，動特性を考えながらうまく作ることで，このロボットを制御しましょう．

慣性行列 $\boldsymbol{M}(\boldsymbol{q})$，遠心力・コリオリ力の項 $\boldsymbol{h}(\boldsymbol{q}, \dot{\boldsymbol{q}})$，重力項 $\boldsymbol{g}(\boldsymbol{q})$ は，各リンクの動力学パラメータを含んでいますが，ここでは，これらが正確にわかっているものとします．これらの値を使って，ロボットへの駆動トルクとして

$$\boldsymbol{\tau} = \boldsymbol{M}(\boldsymbol{q})\ddot{\boldsymbol{q}}_d + \boldsymbol{h}(\boldsymbol{q}, \dot{\boldsymbol{q}}) + \boldsymbol{g}(\boldsymbol{q}) \tag{10.30}$$

を考えます．ここで，$\ddot{\boldsymbol{q}}_d$ は，各関節の目標加速度で，ユーザが，あらかじめロボットの望みの動きを考えて与えてやります．例えば，速度台形則の場合，$\ddot{\boldsymbol{q}}_d$ は，式 (3.40) のように，加速，等速，減速区間でそれぞれ一定値です．ロボットの動特性 (10.29) に，制御則 (10.30) を代入すれば，システム全体の特性を得ることができます．同じ形をしているので紛らわしいですが，それぞれ，与えられた動特性と，設計された制御則であり，別のものを示していることに気を付けると

$$\boldsymbol{M}(\boldsymbol{q})\ddot{\boldsymbol{q}} + \boldsymbol{h}(\boldsymbol{q}, \dot{\boldsymbol{q}}) + \boldsymbol{g}(\boldsymbol{q}) = \boldsymbol{M}(\boldsymbol{q})\ddot{\boldsymbol{q}}_d + \boldsymbol{h}(\boldsymbol{q}, \dot{\boldsymbol{q}}) + \boldsymbol{g}(\boldsymbol{q}) \tag{10.31}$$

となります．ほとんどのロボットで，慣性行列 $\boldsymbol{M}(\boldsymbol{q})$ は正則ですので

$$\ddot{\boldsymbol{q}} = \ddot{\boldsymbol{q}}_d \tag{10.32}$$

となります．つまり，制御則 (10.30) によって，各軸の加速度を望みの値とすることができます．

ロボットが，初期状態から，位置，速度とも目標に一致している場合には，この制御則によって目標軌道に追従させることができますが，実際には，初期位置・速度がずれていたり，関節に摩擦があったり，動的パラメータが正確でないのが一般的です．このような場合には，式 (10.30) の目標加速度の代わりに，修正加速度

$$\ddot{\boldsymbol{q}}_{adj} = \ddot{\boldsymbol{q}}_d + \boldsymbol{K}_v(\dot{\boldsymbol{q}}_d - \dot{\boldsymbol{q}}) + \boldsymbol{K}_p(\boldsymbol{q}_d - \boldsymbol{q}) \tag{10.33}$$

を使った

$$\boldsymbol{\tau} = \boldsymbol{M}(\boldsymbol{q})\ddot{\boldsymbol{q}}_{adj} + \boldsymbol{h}(\boldsymbol{q}, \dot{\boldsymbol{q}}) + \boldsymbol{g}(\boldsymbol{q}) \tag{10.34}$$

を用いることによって，閉ループの特性を

$$\ddot{\boldsymbol{q}} = \ddot{\boldsymbol{q}}_d + \boldsymbol{K}_v(\dot{\boldsymbol{q}}_d - \dot{\boldsymbol{q}}) + \boldsymbol{K}_p(\boldsymbol{q}_d - \boldsymbol{q}) \tag{10.35}$$

とすることができます．この式は，誤差 $\boldsymbol{e} = \boldsymbol{q} - \boldsymbol{q}_d$ とおいて変形すると

$$\ddot{\boldsymbol{e}} + \boldsymbol{K}_v\dot{\boldsymbol{e}} + \boldsymbol{K}_p\boldsymbol{e} = \boldsymbol{0} \tag{10.36}$$

と，誤差に関する 2 次系と見ることができます．すでにコラムで見たように，$\boldsymbol{K}_v$，$\boldsymbol{K}_p$ を適当に設定することによって，誤差に関する特性を指定することができます．

10.4 手先に関する動的制御

前節の議論では，閉ループの特性が

$$\ddot{\boldsymbol{q}} - \ddot{\boldsymbol{q}}_d + \boldsymbol{K}_v(\dot{\boldsymbol{q}} - \dot{\boldsymbol{q}}_d) + \boldsymbol{K}_p(\boldsymbol{q} - \boldsymbol{q}_d) = 0$$

でした．つまり，ロボットの各関節について，その誤差システムの特性をフィードバック制御によって決めることができます．本節では，ロボットの各関節ではなく，ロボットの手先位置・姿勢について，特性を決める方法を考えましょう．関節角度を，手先の位置姿勢に変換するために，微分運動学，つまりヤコビ行列を使います．

前節と同じように，ロボットの運動方程式は

$$\boldsymbol{M}(\boldsymbol{q})\ddot{\boldsymbol{q}} + \boldsymbol{h}(\boldsymbol{q}, \dot{\boldsymbol{q}}) + \boldsymbol{g}(\boldsymbol{q}) = \boldsymbol{\tau} \tag{10.37}$$

です．手先の位置・姿勢 $\boldsymbol{r}$ は，関節変数 $\boldsymbol{q}$ の関数なので

$$\boldsymbol{r} = \boldsymbol{r}(\boldsymbol{q}) \tag{10.38}$$

と書けます．これを微分することで

$$\dot{\boldsymbol{r}} = \boldsymbol{J}_r(\boldsymbol{q})\dot{\boldsymbol{q}} \tag{10.39}$$

を得ます．ここで，$\boldsymbol{J}_r$ はヤコビ行列です．特異姿勢ではない，つまり $\boldsymbol{J}_r$ が正則である場合には，ヤコビ行列を使って，制御則を

$$\boldsymbol{\tau} = \boldsymbol{M}(\boldsymbol{q})\boldsymbol{J}_r^{-1}(\boldsymbol{q})\left[\ddot{\boldsymbol{r}}_d - \dot{\boldsymbol{J}}_r(\boldsymbol{q})\dot{\boldsymbol{q}}\right] + \boldsymbol{h}(\boldsymbol{q}, \dot{\boldsymbol{q}}) + \boldsymbol{g}(\boldsymbol{q}) \tag{10.40}$$

として，運動方程式 (10.37)，および式 (10.39) に代入してシステムの挙動を計算すると

$$\ddot{\boldsymbol{r}} = \ddot{\boldsymbol{r}}_d \tag{10.41}$$

となります．この式は，制御則 (10.40) によって，手先の加速度を，目標加速度にすることができることを示しています．前節で，関節軌道についての制御でもしたように，$\ddot{\boldsymbol{r}}_d$ の代わりに，修正加速度

$$\ddot{\boldsymbol{r}}_{adj} = \ddot{\boldsymbol{r}}_d + \boldsymbol{K}_v(\dot{\boldsymbol{r}}_d - \dot{\boldsymbol{r}}) + \boldsymbol{K}_p(\boldsymbol{r}_d - \boldsymbol{r}) \tag{10.42}$$

を入力することで，関節変数に対するサーボと同じことが，手先の位置・姿勢について実現できます．

10.5 インピーダンス制御

10.2 節で，ロボットにかかる重力だけを考慮して，手先にコンプライアンスを実現する，コンプライアンス制御 (10.28) について紹介しています．

$$\boldsymbol{\tau} = -\boldsymbol{J}_r{}^T \boldsymbol{K} \boldsymbol{J}_r \Delta \boldsymbol{q} + \boldsymbol{g}(\boldsymbol{q})$$

この制御則は，右辺第 1 項は，誤差に対する力の出し方を示しており，第 2 項は，重力補償項です．ロボットの運動速度が遅い場合（準静的といいます），重力項に比べて，遠心力やコリオリ力の影響はきわめて小さいので，これらの影響を無視した式になっています．

一方で，ロボットの動きが速くなると，遠心力やコリオリ力の影響を無視することはできません．さらに速くなると，ロボットの慣性も問題になってきます．ロボットがもともと重いと，このままの制御では，手先を動かすときにその重みをそのまま感じてしまうことになります．10.2 節の制御則では，$\boldsymbol{K}$ を決めることで，手先の仮想的なばね特性を変えることができましたが，速度に関する特性や，質量特性までを変えることができませんでした．これらを指定できる制御則を，インピーダンス制御といいます．

インピーダンス制御によって，例えば，実際には 5 kg あるアームを，1 kg しかないアームと同じように軽々と動かすことができるように，見かけの質量を変えることができます（**図 10.3**）．望みのインピーダンス特性を

$$\boldsymbol{M}_d \ddot{\boldsymbol{r}} + \boldsymbol{D}_d(\dot{\boldsymbol{r}} - \dot{\boldsymbol{r}}_d) + \boldsymbol{K}_d(\boldsymbol{r} - \boldsymbol{r}_d) = \boldsymbol{f} \tag{10.43}$$

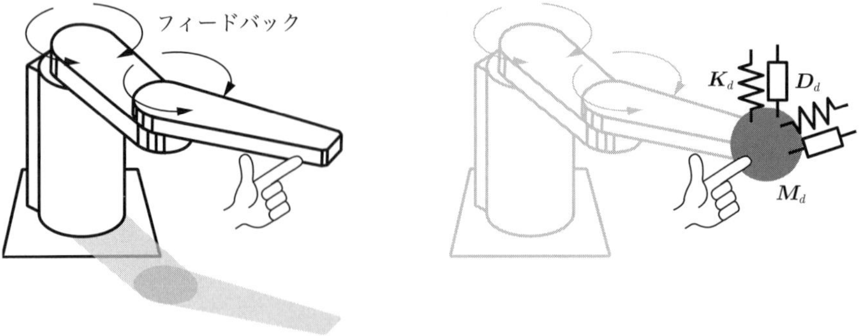

図 10.3：インピーダンス制御

として，制御によって，この特性を実現することを考えます．ここで，$\boldsymbol{f}$ は外力，$\boldsymbol{M}_d$，$\boldsymbol{D}_d$，$\boldsymbol{K}_d$ は，それぞれ，見かけの慣性行列，粘性行列，ばね行列で，通常は対角行列です．手先変数 $\boldsymbol{r}$ と関節変数 $\boldsymbol{q}$ の間には

$$\boldsymbol{r} = \boldsymbol{r}(\boldsymbol{q}) \tag{10.44}$$

$$\dot{\boldsymbol{r}} = \boldsymbol{J}_r(\boldsymbol{q})\dot{\boldsymbol{q}} \tag{10.45}$$

という関係があります．ロボットの運動方程式は

$$\boldsymbol{M}(\boldsymbol{q})\ddot{\boldsymbol{q}} + \boldsymbol{h}(\boldsymbol{q}, \dot{\boldsymbol{q}}) + \boldsymbol{g}(\boldsymbol{q}) = \boldsymbol{\tau} \tag{10.46}$$

ですが，ロボットの手先に外力 $\boldsymbol{f}$ が加わると，それと等価な関節力 ${\boldsymbol{J}_r}^T\boldsymbol{f}$ が加算されるので，手先に力が加わった場合のロボットの運動方程式は

$$\boldsymbol{M}(\boldsymbol{q})\ddot{\boldsymbol{q}} + \boldsymbol{h}(\boldsymbol{q}, \dot{\boldsymbol{q}}) + \boldsymbol{g}(\boldsymbol{q}) = \boldsymbol{\tau} + {\boldsymbol{J}_r}^T(\boldsymbol{q})\boldsymbol{f} \tag{10.47}$$

となります．ヤコビ行列 $\boldsymbol{J}_r$ が正則である範囲だけを考えると

$$\begin{aligned} &{\boldsymbol{J}_r}^{-T}(\boldsymbol{q})\boldsymbol{M}(\boldsymbol{q})\ddot{\boldsymbol{q}} + {\boldsymbol{J}_r}^{-T}(\boldsymbol{q})\boldsymbol{h}(\boldsymbol{q}, \dot{\boldsymbol{q}}) + {\boldsymbol{J}_r}^{-T}(\boldsymbol{q})\boldsymbol{g}(\boldsymbol{q}) \\ &= {\boldsymbol{J}_r}^{-T}(\boldsymbol{q})\boldsymbol{\tau} + \boldsymbol{f} \end{aligned} \tag{10.48}$$

です．式 (10.45) を微分すると

$$\ddot{\boldsymbol{r}} = \boldsymbol{J}_r(\boldsymbol{q})\ddot{\boldsymbol{q}} + \dot{\boldsymbol{J}}_r(\boldsymbol{q})\dot{\boldsymbol{q}} \tag{10.49}$$

となり，これを $\ddot{\boldsymbol{q}}$ について解くと

$$\ddot{\boldsymbol{q}} = \boldsymbol{J}_r{}^{-1}(\boldsymbol{q})\left\{\ddot{\boldsymbol{r}} - \dot{\boldsymbol{J}}_r(\boldsymbol{q})\dot{\boldsymbol{q}}\right\} \tag{10.50}$$

となります．これを式 (10.48) に代入して

$$\begin{aligned}&\boldsymbol{J}_r{}^{-T}(\boldsymbol{q})\boldsymbol{M}(\boldsymbol{q})\boldsymbol{J}_r{}^{-1}(\boldsymbol{q})\left\{\ddot{\boldsymbol{r}} - \dot{\boldsymbol{J}}_r(\boldsymbol{q})\dot{\boldsymbol{q}}\right\}\\ &\quad + \boldsymbol{J}_r{}^{-T}(\boldsymbol{q})\boldsymbol{h}(\boldsymbol{q},\dot{\boldsymbol{q}}) + \boldsymbol{J}_r{}^{-T}(\boldsymbol{q})\boldsymbol{g}(\boldsymbol{q})\\ &= \boldsymbol{J}_r{}^{-T}(\boldsymbol{q})\boldsymbol{\tau} + \boldsymbol{f}\end{aligned} \tag{10.51}$$

を得ます．左辺の $\ddot{\boldsymbol{r}}$ の項以外をキャンセルするように

$$\boldsymbol{\tau} = -\boldsymbol{M}(\boldsymbol{q})\boldsymbol{J}_r{}^{-1}(\boldsymbol{q})\dot{\boldsymbol{J}}_r(\boldsymbol{q})\dot{\boldsymbol{q}} + \boldsymbol{h}(\boldsymbol{q},\dot{\boldsymbol{q}}) + \boldsymbol{g}(\boldsymbol{q}) + \boldsymbol{\tau}_c \tag{10.52}$$

とすると

$$\boldsymbol{J}_r{}^{-T}(\boldsymbol{q})\boldsymbol{M}(\boldsymbol{q})\boldsymbol{J}_r{}^{-1}(\boldsymbol{q})\ddot{\boldsymbol{r}} = \boldsymbol{J}_r{}^{-T}(\boldsymbol{q})\boldsymbol{\tau}_c + \boldsymbol{f} \tag{10.53}$$

となります．これが，見かけのインピーダンス特性 (10.43)

$$\boldsymbol{M}_d\ddot{\boldsymbol{r}} + \boldsymbol{D}_d(\dot{\boldsymbol{r}} - \dot{\boldsymbol{r}}_d) + \boldsymbol{K}_d(\boldsymbol{r} - \boldsymbol{r}_d) = \boldsymbol{f}$$

になればいいので，両式から $\ddot{\boldsymbol{r}}$ を消去すると

$$\begin{aligned}&\boldsymbol{J}_r{}^{-T}(\boldsymbol{q})\boldsymbol{M}(\boldsymbol{q})\boldsymbol{J}_r{}^{-1}(\boldsymbol{q})\boldsymbol{M}_d{}^{-1}\left\{\boldsymbol{f} - \boldsymbol{D}_d(\dot{\boldsymbol{r}} - \dot{\boldsymbol{r}}_d) - \boldsymbol{K}_d(\boldsymbol{r} - \boldsymbol{r}_d)\right\}\\ &= \boldsymbol{J}_r{}^{-T}(\boldsymbol{q})\boldsymbol{\tau}_c + \boldsymbol{f}\end{aligned} \tag{10.54}$$

となり，$\boldsymbol{\tau}_c$ について解くと

$$\begin{aligned}\boldsymbol{\tau}_c &= \left[\boldsymbol{M}(\boldsymbol{q})\boldsymbol{J}_r{}^{-1}(\boldsymbol{q})\boldsymbol{M}_d{}^{-1} - \boldsymbol{J}_r{}^{T}(\boldsymbol{q})\right]\boldsymbol{f}\\ &\quad - \boldsymbol{M}(\boldsymbol{q})\boldsymbol{J}_r{}^{-1}(\boldsymbol{q})\boldsymbol{M}_d{}^{-1}\left\{\boldsymbol{D}_d(\dot{\boldsymbol{r}} - \dot{\boldsymbol{r}}_d) + \boldsymbol{K}_d(\boldsymbol{r} - \boldsymbol{r}_d)\right\}\end{aligned} \tag{10.55}$$

となります．式 (10.52) と合わせると

$$\begin{aligned}\boldsymbol{\tau} &= -\boldsymbol{M}(\boldsymbol{q})\boldsymbol{J}_r{}^{-1}(\boldsymbol{q})\dot{\boldsymbol{J}}_r(\boldsymbol{q})\dot{\boldsymbol{q}} + \boldsymbol{h}(\boldsymbol{q},\dot{\boldsymbol{q}}) + \boldsymbol{g}(\boldsymbol{q})\\ &\qquad + \left[\boldsymbol{M}(\boldsymbol{q})\boldsymbol{J}_r{}^{-1}(\boldsymbol{q})\boldsymbol{M}_d{}^{-1} - \boldsymbol{J}_r{}^{T}(\boldsymbol{q})\right]\boldsymbol{f}\\ &\qquad - \boldsymbol{M}(\boldsymbol{q})\boldsymbol{J}_r{}^{-1}(\boldsymbol{q})\boldsymbol{M}_d{}^{-1}\left\{\boldsymbol{D}_d(\dot{\boldsymbol{r}} - \dot{\boldsymbol{r}}_d) + \boldsymbol{K}_d(\boldsymbol{r} - \boldsymbol{r}_d)\right\}\end{aligned} \tag{10.56}$$

です．1 行目が，非線形性を補償する項群，2 行目が，慣性行列を望みの値にする項，3 行目が，ばねとダンパ特性を実現する項です．この特性を実現するには，$\boldsymbol{\tau}$ を求め

るために $\boldsymbol{f}$ が必要になります．ロボットの手先に力センサを取り付けて，外力 $\boldsymbol{f}$ を計測しなければなりません．

一方，慣性行列については，見かけの値にするのをあきらめ，ロボットが本来持っている $\boldsymbol{M}(\boldsymbol{q})$ の特性をそのまま使い，見かけのインピーダンスが

$$\boldsymbol{J}_r{}^{-T}(\boldsymbol{q})\boldsymbol{M}(\boldsymbol{q})\boldsymbol{J}_r{}^{-1}\ddot{\boldsymbol{r}} + \boldsymbol{D}_d(\dot{\boldsymbol{r}} - \dot{\boldsymbol{r}}_d) + \boldsymbol{K}_d(\boldsymbol{r} - \boldsymbol{r}_d) = \boldsymbol{f} \tag{10.57}$$

で構わないとすると

$$\begin{aligned}\boldsymbol{\tau} = &-\boldsymbol{M}(\boldsymbol{q})\boldsymbol{J}_r{}^{-1}(\boldsymbol{q})\dot{\boldsymbol{J}}_r(\boldsymbol{q})\dot{\boldsymbol{q}} + \boldsymbol{h}(\boldsymbol{q},\dot{\boldsymbol{q}}) + \boldsymbol{g}(\boldsymbol{q}) \\ &-\boldsymbol{J}_r{}^T(\boldsymbol{q})\left\{\boldsymbol{D}_d(\dot{\boldsymbol{r}} - \dot{\boldsymbol{r}}_d) + \boldsymbol{K}_d(\boldsymbol{r} - \boldsymbol{r}_d)\right\}\end{aligned} \tag{10.58}$$

となり，$\boldsymbol{\tau}$ を計算するのに $\boldsymbol{f}$ が必要なくなる，つまり力センサが必要なくなります．さらに，ロボットの運動が遅いと仮定すると，右辺の第 1 項，第 2 項が無視できて

$$\boldsymbol{\tau} = -\boldsymbol{J}_r{}^T(\boldsymbol{q})\left\{\boldsymbol{D}_d(\dot{\boldsymbol{r}} - \dot{\boldsymbol{r}}_d) + \boldsymbol{K}_d(\boldsymbol{r} - \boldsymbol{r}_d)\right\} + \boldsymbol{g}(\boldsymbol{q}) \tag{10.59}$$

となりますが，これは，10.2 節で紹介した，ロボットにかかる重力だけを考慮したコンプライアンス制御そのものになります．

10.6 本章のまとめ

第 10 章，運動方程式とロボット制御のまとめは以下の通りです．

（1）各軸フィードバックは，減速比とフィードバックゲインが大きい場合と，重力補償がある場合には，安定になることが運動方程式を用いて示すことができる．

（2）運動方程式を利用した動的制御によって，ロボットの加速度を望みの値にすることができる．

（3）運動方程式を利用することで，ロボットの先端に仮想的なインピーダンスを実現するような，インピーダンス制御を導くことができる．

11 実践・動力学

第 9 章では，ラグランジュの方法やニュートン・オイラー法を用いた，ロボットの運動方程式の導出法を，そして前章では，運動方程式に基づいた，あるいは運動方程式を利用した制御法について見てきました．ここまで学んできた知識を，実際に使いこなすには，運動方程式をどのようにプログラミングして，そのパッケージをどう利用すると，前章で学んだような制御則を実現することができるかを正しく理解しておく必要があります．また，近年では二次計画法を用いたロボットの動作計画の最適化に，運動方程式を等式制約として用いる場合もあり，運動方程式のパッケージの利用方法を知ることが重要になります．

本章では，ニュートン・オイラー法などの運動方程式計算をするパッケージがあったとして，前章で紹介したような制御則を，実際にどのように実装するか，あるいはこのパッケージを利用して，どうやってロボットのシミュレーションを実現するのかについて述べます．

11.1 ニュートン・オイラー法による逆動力学計算

前章までの計算では，ロボットの運動方程式

$$\boldsymbol{M}(\boldsymbol{q})\ddot{\boldsymbol{q}} + \boldsymbol{h}(\boldsymbol{q}, \dot{\boldsymbol{q}}) + \boldsymbol{g}(\boldsymbol{q}) = \boldsymbol{\tau}$$

の慣性行列やベクトルが，すべて展開されているように説明されてきました．したがって，運動方程式そのものは，ラグランジュの方法などで，具体的にその形がわかっていなければ利用できないように思えます．しかし，第 II 部までで考えてきたように，多自由度ロボットを扱うには，ヤコビ行列も，そして運動方程式も漸化的な表現を採用しなければ，コンピュータによる自動計算の資源を利用しにくくなります．

まず，ここで基本となるニュートン・オイラー法による動力学計算について見てみましょう．ニュートン・オイラー法に基づく方程式系は（再掲）

$$ {}^{i}\boldsymbol{\omega}_i = \begin{cases} {}^{i-1}\boldsymbol{R}_i{}^{T\,i-1}\boldsymbol{\omega}_{i-1} + \boldsymbol{e}_z\dot{q}_i & (\text{回転関節}) \\ {}^{i-1}\boldsymbol{R}_i{}^{T\,i-1}\boldsymbol{\omega}_{i-1} & (\text{直動関節}) \end{cases} \tag{11.1} $$

$$ {}^{i}\dot{\boldsymbol{\omega}}_i = \begin{cases} {}^{i-1}\boldsymbol{R}_i{}^{T\,i-1}\dot{\boldsymbol{\omega}}_{i-1} + \boldsymbol{e}_z\ddot{q}_i + \left({}^{i-1}\boldsymbol{R}_i{}^{T\,i-1}\boldsymbol{\omega}_{i-1}\right) \times \boldsymbol{e}_z\dot{q}_i & (\text{回転関節}) \\ {}^{i-1}\boldsymbol{R}_i{}^{T\,i-1}\dot{\boldsymbol{\omega}}_{i-1} & (\text{直動関節}) \end{cases} \tag{11.2} $$

$$ {}^{i}\ddot{\boldsymbol{p}}_i = \begin{cases} {}^{i-1}\boldsymbol{R}_i{}^{T}\left[{}^{i-1}\ddot{\boldsymbol{p}}_{i-1} + {}^{i-1}\dot{\boldsymbol{\omega}}_{i-1} \times {}^{i-1}\boldsymbol{p}_{i-1,i} \right. \\ \quad \left. + {}^{i-1}\boldsymbol{\omega}_{i-1} \times \left({}^{i-1}\boldsymbol{\omega}_{i-1} \times {}^{i-1}\boldsymbol{p}_{i-1,i}\right)\right] & (\text{回転関節}) \\ {}^{i-1}\boldsymbol{R}_i{}^{T}\left[{}^{i-1}\ddot{\boldsymbol{p}}_{i-1} + {}^{i-1}\dot{\boldsymbol{\omega}}_{i-1} \times {}^{i-1}\boldsymbol{p}_{i-1,i} \right. \\ \quad \left. + {}^{i-1}\boldsymbol{\omega}_{i-1} \times \left({}^{i-1}\boldsymbol{\omega}_{i-1} \times {}^{i-1}\boldsymbol{p}_{i-1,i}\right)\right] \\ \quad +2\left({}^{i-1}\boldsymbol{R}_i{}^{T\,i-1}\boldsymbol{\omega}_{i-1}\right) \times (\boldsymbol{e}_z\dot{q}_i) + \boldsymbol{e}_z\ddot{q}_i & (\text{直動関節}) \end{cases} \tag{11.3} $$

$$ {}^{i}\ddot{\boldsymbol{s}}_i = {}^{i}\ddot{\boldsymbol{p}}_i + {}^{i}\dot{\boldsymbol{\omega}}_i \times {}^{i}\hat{\boldsymbol{s}}_i + {}^{i}\boldsymbol{\omega}_i \times \left({}^{i}\boldsymbol{\omega}_i \times {}^{i}\hat{\boldsymbol{s}}_i\right) \tag{11.4} $$

$$ {}^{i}\hat{\boldsymbol{f}}_i = m_i{}^{i}\ddot{\boldsymbol{s}}_i \tag{11.5} $$

$$ {}^{i}\hat{\boldsymbol{n}}_i = {}^{i}\boldsymbol{I}_i{}^{i}\dot{\boldsymbol{\omega}}_i + {}^{i}\boldsymbol{\omega}_i \times \left({}^{i}\boldsymbol{I}_i{}^{i}\boldsymbol{\omega}_i\right) \tag{11.6} $$

$$ {}^{i}\boldsymbol{f}_i = {}^{i}\boldsymbol{R}_{i+1}{}^{i+1}\boldsymbol{f}_{i+1} + {}^{i}\hat{\boldsymbol{f}}_i \tag{11.7} $$

$$ {}^{i}\boldsymbol{n}_i = {}^{i}\boldsymbol{R}_{i+1}{}^{i+1}\boldsymbol{n}_{i+1} + {}^{i}\hat{\boldsymbol{n}}_i + {}^{i}\boldsymbol{p}_{i,i+1} \times \left({}^{i}\boldsymbol{R}_{i+1}{}^{i+1}\boldsymbol{f}_{i+1}\right) + {}^{i}\hat{\boldsymbol{s}}_i \times {}^{i}\hat{\boldsymbol{f}}_i \tag{11.8} $$

$$ \tau_i = \begin{cases} \boldsymbol{e}_z{}^{T\,i}\boldsymbol{n}_i & (\text{回転関節}) \\ \boldsymbol{e}_z{}^{T\,i}\boldsymbol{f}_i & (\text{直動関節}) \end{cases} \tag{11.9} $$

でした．この式から，現在の状態が $\boldsymbol{q}$，$\dot{\boldsymbol{q}}$ であるときに，加速度 $\ddot{\boldsymbol{q}}$ を実現するために必要な $\boldsymbol{\tau}$ を求める方法を確認しましょう．これは，逆動力学問題と呼ばれています（**図 11.1**）．

まず，式 (11.1)，(11.2)，(11.3) を，$i=1$ から n まで，順番に計算していきます．例えば，${}^{i}\boldsymbol{\omega}_i$ は，式 (11.1) より ${}^{i-1}\boldsymbol{\omega}_{i-1}$ と $\dot{q}_i$ の関数なので，リンク（0）つまり台座の速度 ${}^{0}\boldsymbol{\omega}_0$ が 0 であることから順番に計算していけば，すべてのリンクの角速度を計算できます．また注意が必要なのは，ニュートン・オイラー法で重力を考慮に入れる場合です．式 (11.1) から (11.9) に「g」が入っていないことに気がつくと思います．この方法で重力を考慮するには，台座の加速度が g であるとして，例えば台座座標系の $-Z$ 方向が重力方向である場合には，${}^{0}\ddot{\boldsymbol{p}}_0 = \begin{bmatrix}0 & 0 & -g\end{bmatrix}^T$ とします．

このようにして，式 (11.1)，(11.2)，(11.3) から，${}^{i}\boldsymbol{\omega}_i$，${}^{i}\dot{\boldsymbol{\omega}}_i$，${}^{i}\ddot{\boldsymbol{p}}_i$（ただし，$i=1,\cdots,n$）を計算できます．この結果を使って，式 (11.4)，(11.5)，(11.6) から ${}^{i}\ddot{\boldsymbol{s}}_i$，${}^{i}\hat{\boldsymbol{f}}_i$，${}^{i}\hat{\boldsymbol{n}}_i$ を

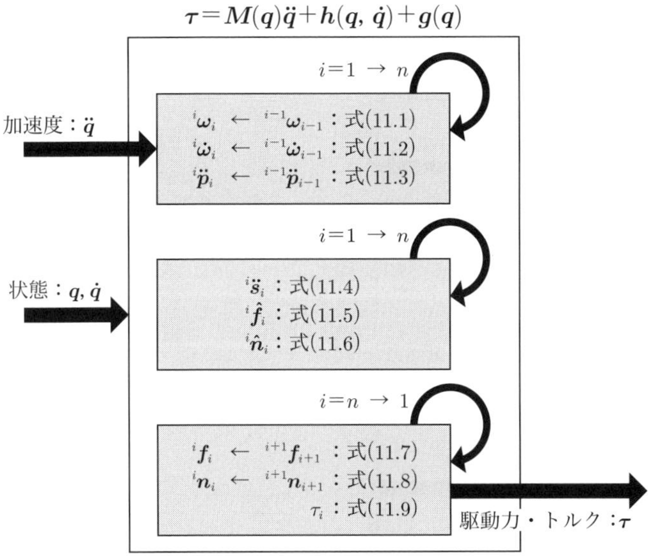

図 11.1：ニュートン・オイラー法による逆動力学問題の解法

求めることができます．これらの式は，リンク (i) 内で閉じた，言い換えると前のリンクや後ろのリンクの情報を使わなくても計算できる式です．

ロボットの手先に，外部から ${}^{n+1}\boldsymbol{f}_{n+1}$，${}^{n+1}\boldsymbol{n}_{n+1}$ が作用しているとします．もし，手先が自由空間を動いているときは，これらのベクトルは $\boldsymbol{0}$ です．各リンクの慣性による外力 ${}^{i}\widehat{\boldsymbol{f}}_i$，外部モーメント ${}^{i}\widehat{\boldsymbol{n}}_i$ は，すでに求められているので，式 (11.7)，(11.8) を使うと，${}^{i}\boldsymbol{f}_i$ は，${}^{i+1}\boldsymbol{f}_{i+1}$ から，${}^{i}\boldsymbol{n}_i$ は，${}^{i+1}\boldsymbol{f}_{i+1}$ と，${}^{i+1}\boldsymbol{n}_{i+1}$ から求めることができます．

最後に式 (11.9) を使うと，各モータが発生する力・トルクを計算することができます．以上のような手続きで，ロボットの現在の状態 $\boldsymbol{q}$，$\dot{\boldsymbol{q}}$ がわかっているときに，加速度 $\ddot{\boldsymbol{q}}$ を実現するために必要な力・トルク $\boldsymbol{\tau}$ を求めることができました．

11.2 運動方程式パッケージに基づく動的制御の実装

次に，図 11.1 に示されるような，逆動力学計算のパッケージが用意されているときに，関節に関する動的制御をどのように実現すればよいかについて考えてみましょう．パッケージの中身は複雑ですが，要するに

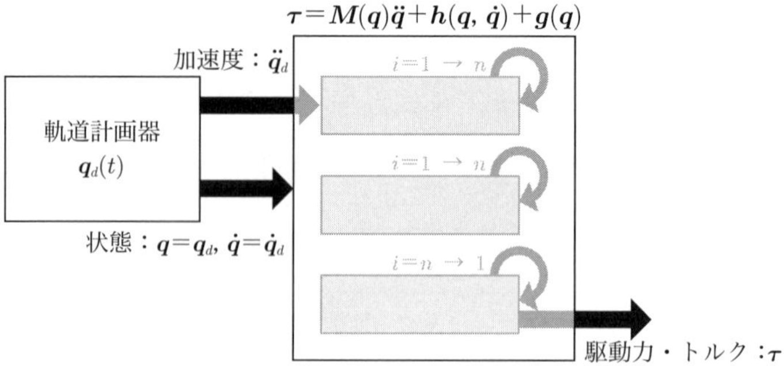

（a） ロボットが目標値通りに動いているときに，目標加速度を実現する

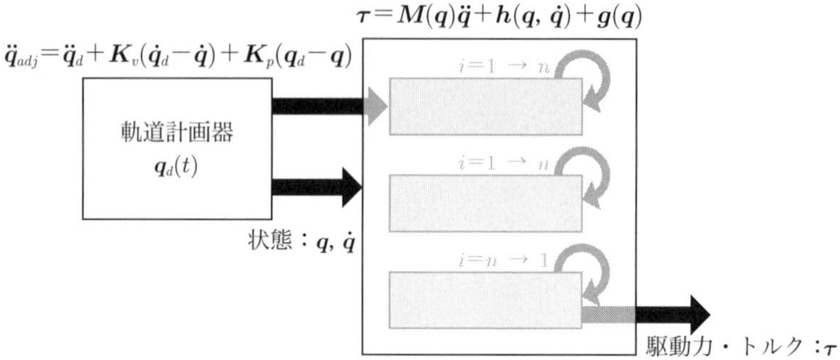

（b） ロボットに，関節に関するフィードバックを加算する

図 11.2：動的計算パッケージの使い方：各軸動的制御

$$\boldsymbol{\tau} = \boldsymbol{M}(\boldsymbol{q})\ddot{\boldsymbol{q}} + \boldsymbol{h}(\boldsymbol{q},\dot{\boldsymbol{q}}) + \boldsymbol{g}(\boldsymbol{q})$$

という計算をしています．現在時刻 t の状態 $\boldsymbol{q}$，$\dot{\boldsymbol{q}}$ が，目標値 $\boldsymbol{q}_d(t)$，$\dot{\boldsymbol{q}}_d(t)$ に一致しているときには，次時刻に目標の加速度 $\ddot{\boldsymbol{q}}_d(t+\Delta t)$ とするために，この値を図 11.1 のパッケージに入力すると，それを実現する駆動力・トルク $\boldsymbol{\tau}$ を求めることができます（**図 11.2**（a））．実際にロボットを動かすときには，状態が常に目標値と一致しているわけではありませんし，運動方程式の動的パラメータも真の値とは少しずれているかもしれません（モデル化誤差）．そこで，式 (10.33) で示したように，修正加速度

$$\ddot{\boldsymbol{q}}_{adj} = \ddot{\boldsymbol{q}}_d + \boldsymbol{K}_v(\dot{\boldsymbol{q}}_d - \dot{\boldsymbol{q}}) + \boldsymbol{K}_p(\boldsymbol{q}_d - \boldsymbol{q}) \tag{11.10}$$

を，加速度 $\ddot{\boldsymbol{q}}$ の代わりに，パッケージに入力することで，関節に関する位置と速度のフィードバックを加えた動的制御系を作ることができます（図 11.2（b））．

ここで注意していただきたいのは，図 11.2 の動力学計算パッケージは，ここでの説明の都合上，中身はニュートン・オイラー法だとしていますが，実際には，ラグランジュの方法やケーンの方法など，他の動力学計算法を使っていても構いません．要するに

$$\boldsymbol{\tau} = \boldsymbol{M}(\boldsymbol{q})\ddot{\boldsymbol{q}} + \boldsymbol{h}(\boldsymbol{q}, \dot{\boldsymbol{q}}) + \boldsymbol{g}(\boldsymbol{q})$$

という計算をしているのであれば，どのようなパッケージを使っても結果は同じになります．

関節についての動的制御 (10.33) だけではなく，手先に関する動的制御も，運動方程式の計算パッケージを使うことで計算できます．式 (10.40)，(10.42) をにらむと，入力として

$$\ddot{\boldsymbol{q}} = \boldsymbol{J}_r{}^{-1}(\boldsymbol{q}) \left\{ \ddot{\boldsymbol{r}}_{adj} - \dot{\boldsymbol{J}}_r(\boldsymbol{q})\dot{\boldsymbol{q}} \right\} \tag{11.11}$$

ただし

$$\ddot{\boldsymbol{r}}_{adj} = \ddot{\boldsymbol{r}}_d + \boldsymbol{K}_v(\dot{\boldsymbol{r}}_d - \dot{\boldsymbol{r}}) + \boldsymbol{K}_p(\boldsymbol{r}_d - \boldsymbol{r}) \tag{11.12}$$

とすることで，手先に関する動的制御が設計できることがわかります．関節のケースとは違い，手先のケースでは，ヤコビ行列とその微分 $\boldsymbol{J}_r$，$\dot{\boldsymbol{J}}_r$ が必要になること，そして，ヤコビ行列が正則でなければならないことに注意しておきましょう．

11.3 インピーダンス制御

インピーダンス制御についても，ある条件を満たせば，動力学計算パッケージを使うことができます．前章で説明したように，慣性行列には手を加えず，見かけのインピーダンスが

$$\boldsymbol{J}_r{}^{-T}(\boldsymbol{q})\boldsymbol{M}(\boldsymbol{q})\boldsymbol{J}_r{}^{-1}\ddot{\boldsymbol{r}} + \boldsymbol{D}_d(\dot{\boldsymbol{r}} - \dot{\boldsymbol{r}}_d) + \boldsymbol{K}_d(\boldsymbol{r} - \boldsymbol{r}_d) = \boldsymbol{f} \tag{11.13}$$

で構わないとすると

$$\begin{aligned}\boldsymbol{\tau} = &-\boldsymbol{M}(\boldsymbol{q})\boldsymbol{J}_r{}^{-1}(\boldsymbol{q})\dot{\boldsymbol{J}}_r(\boldsymbol{q})\dot{\boldsymbol{q}} + \boldsymbol{h}(\boldsymbol{q}, \dot{\boldsymbol{q}}) + \boldsymbol{g}(\boldsymbol{q}) \\ &-\boldsymbol{J}_r{}^T(\boldsymbol{q})\left\{\boldsymbol{D}_d(\dot{\boldsymbol{r}} - \dot{\boldsymbol{r}}_d) + \boldsymbol{K}_d(\boldsymbol{r} - \boldsymbol{r}_d)\right\}\end{aligned} \tag{11.14}$$

となり，これを動力学パッケージで実現しようとすると（**図 11.3**），入力として

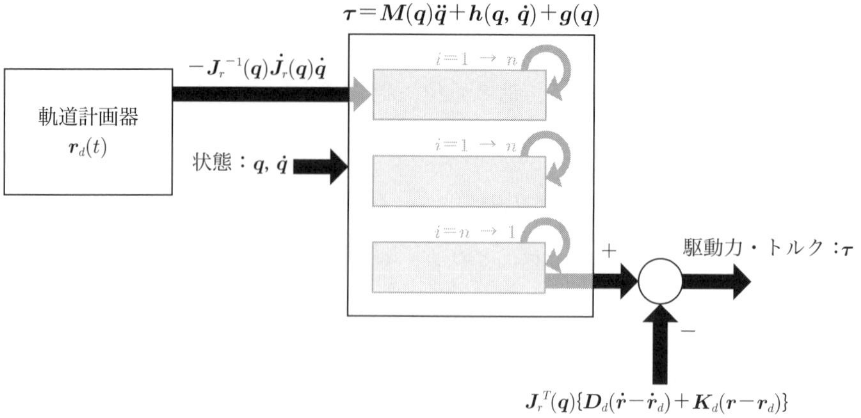

図 11.3：動的計算パッケージの使い方：インピーダンス制御

$$\ddot{\boldsymbol{q}} = -\boldsymbol{J}_r{}^{-1}(\boldsymbol{q})\dot{\boldsymbol{J}}_r(\boldsymbol{q})\dot{\boldsymbol{q}} \tag{11.15}$$

とし，計算されるトルク $\boldsymbol{\tau}$ にフィードバック項

$$\boldsymbol{\tau}_f = -\boldsymbol{J}_r{}^T(\boldsymbol{q})\left\{\boldsymbol{D}_d(\dot{\boldsymbol{r}} - \dot{\boldsymbol{r}}_d) + \boldsymbol{K}_d(\boldsymbol{r} - \boldsymbol{r}_d)\right\} \tag{11.16}$$

を加えればよいことがわかります．この計算の場合も，必要なのは，ヤコビ行列とその微分 $\boldsymbol{J}_r$，$\dot{\boldsymbol{J}}_r$ であり，ヤコビ行列が正則であることが条件になります．

11.4 動的シミュレーション

最後に，動力学パッケージを使って，ロボットの動的シミュレーションをする方法について説明します．動力学シミュレーションをするためには，$\ddot{\boldsymbol{q}}$ が与えられているときの $\boldsymbol{\tau}$ を求める

$$\boldsymbol{\tau} = \boldsymbol{M}(\boldsymbol{q})\ddot{\boldsymbol{q}} + \boldsymbol{h}(\boldsymbol{q},\dot{\boldsymbol{q}}) + \boldsymbol{g}(\boldsymbol{q})$$

ではなく，何らかの制御則によって与えられた $\boldsymbol{\tau}$ によって，どのような動き $\ddot{\boldsymbol{q}}$ をするかを求める

$$\ddot{\boldsymbol{q}} = \boldsymbol{M}(\boldsymbol{q})^{-1}\left\{\boldsymbol{\tau} - \boldsymbol{h}(\boldsymbol{q},\dot{\boldsymbol{q}}) - \boldsymbol{g}(\boldsymbol{q})\right\} \tag{11.17}$$

という計算をする必要があります．非線形項をまとめて，$\boldsymbol{h}_v(\boldsymbol{q},\dot{\boldsymbol{q}}) = \boldsymbol{h}(\boldsymbol{q},\dot{\boldsymbol{q}}) + \boldsymbol{g}(\boldsymbol{q})$ とすると

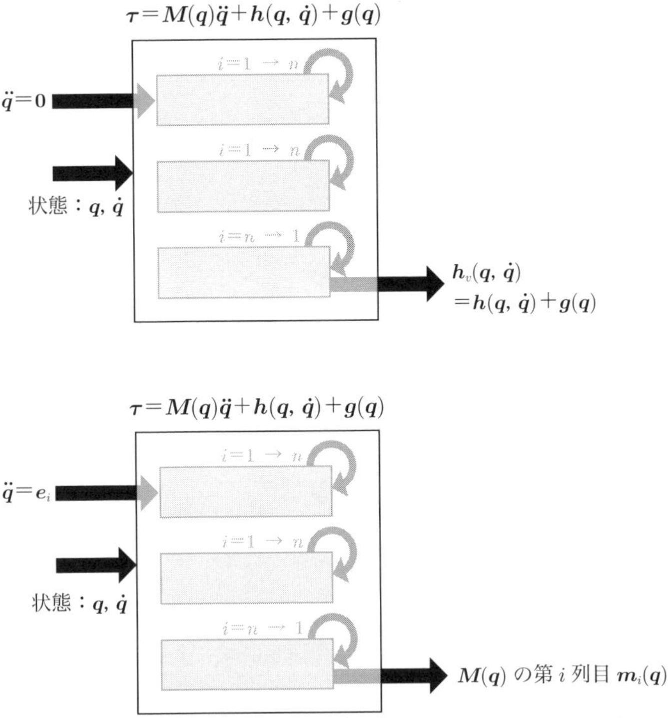

図 11.4：動的計算パッケージの使い方：$\boldsymbol{h}_v(\boldsymbol{q}, \dot{\boldsymbol{q}})$ と $\boldsymbol{M}(\boldsymbol{q})^{-1}$

$$\ddot{\boldsymbol{q}} = \boldsymbol{M}(\boldsymbol{q})^{-1}\{\boldsymbol{\tau} - \boldsymbol{h}_v(\boldsymbol{q}, \dot{\boldsymbol{q}})\} \tag{11.18}$$

となります．$\boldsymbol{\tau}$ は，別に用意された制御則によって与えられるので，あとは，現在の状態 $\boldsymbol{q}$，$\dot{\boldsymbol{q}}$ が与えられたときの $\boldsymbol{h}_v(\boldsymbol{q}, \dot{\boldsymbol{q}})$，$\boldsymbol{M}(\boldsymbol{q})^{-1}$ がわかれば，シミュレーションすることができます．

項 $\boldsymbol{h}_v(\boldsymbol{q}, \dot{\boldsymbol{q}})$ は，計算パッケージに，$\ddot{\boldsymbol{q}} = \boldsymbol{0}$ を入力することによって得られます（**図 11.4**）．また，行列 $\boldsymbol{M}(\boldsymbol{q})$ の第 i 列目は，パッケージに，第 i 要素のみが 1，そのほかは 0 の単位ベクトル $\boldsymbol{e}_i$ を入力することによって得られます．したがって，n 自由度ロボットの場合，$(n+1)$ 回パッケージを利用することで，$\boldsymbol{h}_v(\boldsymbol{q}, \dot{\boldsymbol{q}})$，$\boldsymbol{M}(\boldsymbol{q})$ を得ます．

動的シミュレーションの全体の流れを**図 11.5** に示します．シミュレーションをするには，現時刻における $\boldsymbol{q}$，$\dot{\boldsymbol{q}}$ が与えられたときに，その時刻の制御入力（たいていの場合，$\boldsymbol{q}$，$\dot{\boldsymbol{q}}$ とその目標値 $\boldsymbol{q}_d$，$\dot{\boldsymbol{q}}_d$ の関数）を考慮して，次の時刻の状態を求めます．

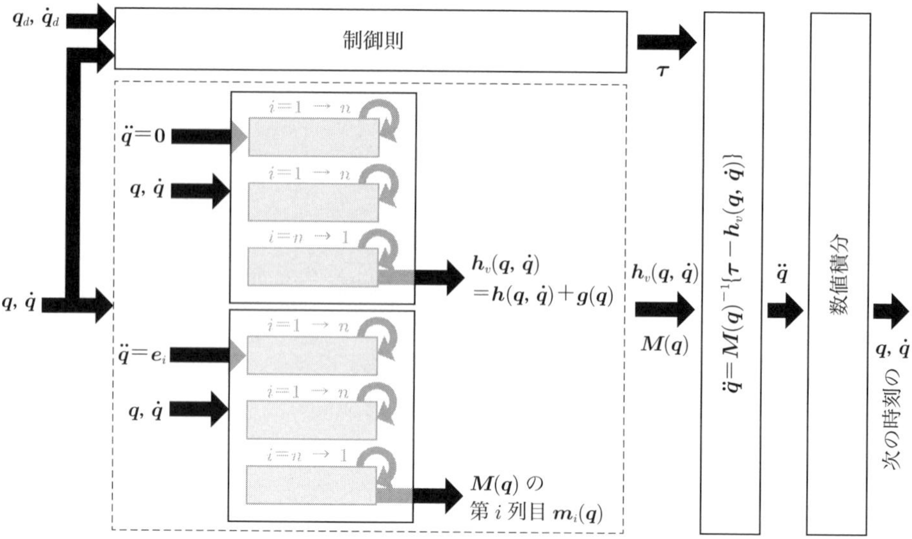

図 11.5：動的シミュレーション

そのために，まず現時刻の状態から計算パッケージを $(n+1)$ 回使って，$h_v(q, \dot{q})$ と $M(q)$ を求め，これらから，$\ddot{q}$ を求めます．加速度を，オイラー法やルンゲ・クッタ法などの数値積分法によって積分し，次時刻の状態を求めます．これを繰り返すことで，動的シミュレーションをすることができます．動的シミュレーションの注意点は，図を見ればわかるように，数値積分の刻み時間と，制御の刻み時間が異なることです．数値積分は，対象となるロボットの動特性を考えて，制御の時間とは独立に設定することができます．細かくすればするほどシミュレーション精度が上がりますが，計算時間がかかるようになるので，そのトレードオフをとる必要があります．制御の刻み時間は，実際にロボットの制御にかかる時間を設定することになります．

数値積分法については，普通のロボットシステムであれば，オイラー法や，ルンゲ・クッタ法といった代表的な積分法が使えます．数値計算の教科書や計算パッケージに用意されていることが多いので，それを利用するとよいでしょう．

11.5 本章のまとめ

第 11 章，実践・動力学のまとめは以下の通りです．

（1）　ニュートン・オイラー法による方程式群を順番に利用することで，現時刻の状態から，望みの加速度を生むために必要な関節力を計算することができる．

（2） 動力学計算パッケージを利用することで，各軸に関するフィードバックを実現する動的制御，手先に関するフィードバックを実現する動的制御，ならびにある条件でのインピーダンス制御を簡単に実現することができる．

（3） 動力学計算パッケージは，ロボットの動的シミュレーションを作るために使うことができる．

謝辞

長年，恩師吉川恒夫先生の『ロボット制御基礎論』を超える教科書を書くのが夢でした．この身に染み付いたロボット制御魂は，すべて吉川恒夫先生の薫陶によるものです．深く感謝申し上げます．先生が持っていらした数理的に深い洞察を，より広く伝え，ロボットが動く原理が，ソフトウエアの陰に隠れてしまわないよう，工学を志す人に広まってくれればいいなと思っていました．また，四元数や各種の数値的解法を含めた最近の考え方を盛り込んだ，新しい本が必要だとも感じていました．ハードウエアや計算機は，ここ 30 年の間に大きく進歩し，より広い層の人に手軽に使えるようになってきており，これに対応できる説明のアイディアをため込んでいました．

ちょうどこういった構想が温まってきた矢先に，株式会社アールティの中川友紀子さんが，教科書執筆を勧めてくださったのは，まさにタイミングとしか言いようがありません．同社の犬飼健二さんには，非常に詳しく式の展開などを追っていただき，ときには致命的なエラーを，またときには，新しい説明のためのヒントを指摘していただきました．本来なら共著者になっていただいてもよいくらいの仕事をしていただいたのです．また，中川範晃さん，野村弘行さんをはじめ，アールティの社員・アルバイトの皆様にもコメントや示唆をたくさんいただきました．アールティの自由で明るい社風は本当に居心地がよく，途中で折れそうになっても頑張る力になりました．本当にありがとうございました．

普段と同じ仕事をしながら教科書を書く，ということは，休んだり，ぼっとしていたりした時間を執筆に割くということです．おかげでここ 1 年間は，執筆が睡眠と趣味の代わりになっていました．家族にはいろいろと迷惑をかけたのではないかと思います．子供たちが大学に進学して，この教科書でロボット工学を学んでくれる日が来るといいなと思っています．家族，そして我が家の愛犬「パスカル」が一緒にいてくれたことは，本書を書き上げる勇気になりました．本当にありがとう．

索　引

ア　行

カ　行

サ　行

タ　行

ナ　行

ハ　行

ヤ　行

ラ　行

英数字

〈著者〉
細田　耕（ほそだ　こう）
1993年　京都大学大学院工学研究科博士後期課程修了，博士（工学）.
大阪大学工学部助手，同大学院工学研究科准教授，
同大学院情報科学研究科教授，同大学院基礎工学研究科教授を経て，
現在，京都大学大学院工学研究科教授.
著書に，『知の創成』(共立出版，監訳)，『知能の原理』(共立出版，共訳)，
『柔らかヒューマノイド』（化学同人）がある.

〈協力〉
株式会社アールティ
2005年設立.
大学，研究所向けのサービスロボットの開発，ロボット教材の提供を
手掛ける.
教科書とロボットは，近年は大学だけでなくロボット関連企業の研修
にも多数採用.
著書に『マイクロマウスではじめよう ロボットプログラミング入門』
（オーム社）等がある.

• 本書の内容に関する質問は，オーム社ホームページの「サポート」から，「お問合せ」の「書籍に関するお問合せ」をご参照いただくか，または書状にてオーム社編集局宛にお願いします．お受けできる質問は本書で紹介した内容に限らせていただきます．なお，電話での質問にはお答えできませんので，あらかじめご了承ください．
• 万一，落丁・乱丁の場合は，送料当社負担でお取替えいたします．当社販売課宛にお送りください．
• 本書の一部の複写複製を希望される場合は，本書扉裏を参照してください．
JCOPY ＜出版者著作権管理機構 委託出版物＞

実践ロボット制御
—基礎から動力学まで—

2019年11月15日　第1版第1刷発行
2025年 6月10日　第1版第6刷発行

著　者　細田　耕
協　力　株式会社 アールティ
発行者　髙田光明
発行所　株式会社 オーム社
郵便番号　101-8460
東京都千代田区神田錦町3-1
電 話　03(3233)0641(代表)
URL　https://www.ohmsha.co.jp/

© 細田　耕 *2019*

印刷・製本　三美印刷
ISBN978-4-274-22430-0　Printed in Japan

関連書籍のご案内

二足歩行ロボットの製作を通じて
ロボット工学の基本がわかる！

はじめての ロボット工学 第2版
—製作を通じて学ぶ基礎と応用—

石黒 浩・浅田 稔・大和 信夫　共著
B5判・216頁・定価（本体2400円【税別】）

【主要目次】
Chapter 1　はじめに
Chapter 2　ロボットの歴史
Chapter 3　ロボットのしくみ
Chapter 4　モータ
Chapter 5　センサ
Chapter 6　機構と運動
Chapter 7　情報処理
Chapter 8　行動の計画と実行
Chapter 9　ネットワークによる連携と発展
Chapter 10　ロボット製作実習
Chapter 11　おわりに
Appendix　高校の授業でロボットを作る

メカトロニクスを概観できる定番教科書。
充実の改訂2版！

ロボット・メカトロニクス教科書
メカトロニクス概論 改訂2版

古田 勝久　編著
A5判・248頁・定価（本体2500円【税別】）

【主要目次】
1章　序論（Introduction）
2章　メカトロニクスのためのシステム論
（System Theory of Mechatronics）
3章　センサ（Sensors）
4章　アクチュエータ（Actuator）
5章　コンピュータ（Computer）
6章　機械設計（Mechanical Design）
7章　制御器設計（Controller Design）
8章　制御器の実装（Implementation of Controller）
9章　解析（Analysis）
10章　上位システムの設計
（Design of Host System for Mechatroncis System）
11章　UMLとシステム開発
（UML and System Development）

安全性を組込みソフトウェアの設計に
盛り込む方法を，基礎から二足歩行
ロボットによる実践まで具体的に解説！

組込みソフトの安全設計
—基礎から二足歩行ロボットによる実践まで—

杉山 肇　著
B5変形判・248頁・定価（本体3200円【税別】）

【主要目次】
第1章　導入
第2章　ソフトウェアの安全性確保の考え方
第3章　ソフトウェア開発の効率化と信頼性向上
第4章　ソフトウェアアーキテクチャ
第5章　トレーサビリティ
第6章　C言語が備えるモジュール化のしくみ
第7章　具体例によるワンチップマイコン
ソフトウェア設計プロセスの解説
付　録　おもちゃの二足歩行ロボットメカの
作成について

システム制御で用いられる数学と
その基礎を徹底的に学べる，
新時代の教科書！

ロボット・メカトロニクス教科書
システム制御入門

畠山 省四朗・野中 謙一郎・釜道 紀浩　共著
A5判・248頁・定価（本体2700円【税別】）

【主要目次】
1章　序論
2章　数学基礎
3章　動的システムのモデリング
4章　一階の線形微分方程式
5章　自由システムの解と安定性
6章　ラプラス変換
7章　伝達関数とブロック線図
8章　ステップ応答とインパルス応答
9章　周波数応答
10章　ボード線図
11章　ベクトル軌跡

もっと詳しい情報をお届けできます．
◎書店に商品がない場合または直接ご注文の場合も
右記宛にご連絡ください．

ホームページ　https://www.ohmsha.co.jp/
TEL／FAX　TEL.03-3233-0643　FAX.03-3233-3440

（定価は変更される場合があります）　A-1911-163